奇妙的自然现象丛书

QIMIAO DE ZIRAN
XIANXIANG CONGSHU

流畅细致的文字
精美独特的插图 大方优雅的版面

本书编写组◎编

雨雪霏霏

U0305068

世界图书出版公司
广州·上海·西安·北京

图书在版编目（CIP）数据

雨雪霏霏/《雨雪霏霏》编写组编. —广州：广
东世界图书出版公司，2010.8（2021.5 重印）
ISBN 978 - 7 -5100 -2511 -2

Ⅰ. ①雨… Ⅱ. ①雨… Ⅲ. ①雨 - 青少年读物②雪 -
青少年读物 Ⅳ. ①P426. 6 -49

中国版本图书馆 CIP 数据核字（2010）第 151921 号

书　　名	雨雪霏霏
	YUXUE FEIFEI
编　　者	《雨雪霏霏》编写组
责任编辑	冯彦庄
装帧设计	三棵树设计工作组
责任技编	刘上锦　余坤泽
出版发行	世界图书出版有限公司　世界图书出版广东有限公司
地　　址	广州市海珠区新港西路大江冲 25 号
邮　　编	510300
电　　话	020-84451969　84453623
网　　址	http://www.gdst.com.cn
邮　　箱	wpc_gdst@163.com
经　　销	新华书店
印　　刷	三河市人民印务有限公司
开　　本	787mm×1092mm　1/16
印　　张	13
字　　数	160 千字
版　　次	2010 年 8 月第 1 版　2021 年 5 月第 6 次印刷
国际书号	ISBN　978-7-5100-2511-2
定　　价	38.80 元

序　言

地球上大气、海洋、陆地和冰冻圈构成了所有生物赖以生存的自然环境。自然现象，是在自然界中由于大自然的自身运动而自发形成的反应。

大自然包罗万象，千变万化。她用无形的巧手不知疲倦地绘制着一幅幅精致动人、色彩斑斓的巨画，使人心旷神怡。

就拿四季的自然更替来说，春天温暖，百花盛开，蝴蝶在花丛中翩翩起舞，孩子们在草坪上玩耍，到处都充满着活力；夏天炎热，葱绿的树木为人们遮阴避日，知了在树上不停地叫着。萤火虫在晚上发出绿色的光芒，装点着美丽的夏夜；秋天凉爽，叶子渐渐地变黄了，纷纷从树上飘落下来。果园里的果实成熟了，地里的庄稼也成熟了，农民不停地忙碌着；冬天寒冷，蜡梅绽放在枝头，青松依然挺拔。有些动物冬眠了，大自然显得宁静了好多。

再比如刮风下雨，电闪雷鸣，雪花飘飘，还有独特自然风光，等等。正是有这些奇妙的自然现象，才使大自然变得如此美丽。

大自然给人类的生存提供了宝贵而丰富的资源，同时也给人类带来了灾难。抗御自然灾害始终与人类社会的发展相伴随。因此，面对各类自然资源及自然灾害，不仅是人类开发利用资源的历史，而且是战胜各种自然灾害的历史，这是人类与自然相互依存与共存和发展的历史。正因如此，人类才得以生存、延续和发展。

人类在与自然接触的过程中发现，自然现象的发生有其自身的内在规律。

当人类认识并遵循自然规律办事时，其可以科学应对灾害，有效减轻自然灾害造成的损失，保障人的生命安全。比如，火山地震等现象不是时刻在发生。它是地球能量自然释放的现象。这个现象需要时间去积累。这也正是为什么火山口周围依然人群密集的原因。就像印度尼西亚地区的人们一样，他们会等到火山发泄完毕，又回到火山口下种植庄稼。这表明，人们已经认识到自然现象有相对稳定的一面，从而好好利用这一点。

当人类违背自然规律时，其必然受到大自然的惩罚。最近十年，人类对大自然的过度索取使得大自然面目全非。大自然开始疯狂的报复人类，比如冰川融化，全球变暖，空气污染，酸雨等，人类所处的地球正在经受着人类的摧残。

正确认识并研究自然现象，可以帮助人们把握自然界的内在规律，揭示宇宙奥秘。正确认识并研究自然现象，还可以改善人类行为，促进人们更好地按照规律办事。

本套丛书系统地向读者介绍了各种自然现象形成的原因、特点、规律、趣闻趣事，以及与人类生产生活的关系等内容，旨在使读者全方位、多角度地认识各种自然现象，丰富自然知识。

为了以后我们能更好的生活，我们必须去认识自然，适应自然，以及按照客观规律去改造自然。简单说，就是要把自然看作科学进军的一个方面。

contents

下篇　雪之韵

引　言

雨和雪，可谓我们见过的最司空见惯的大气现象。它们虽然外表不同，一个丝丝缕缕，一个纷纷扬扬，但却"本是同根生"，是水的两种不同形态而已。水是地球上各种生灵存在的根本，水的变化和运动造就了我们今天的世界。

雨和雪的形成，就和我们人体的血液流通一样，是一个循环系统。

雨、雪形成的基本条件，有三点：一是太阳，二是大气层，三是海洋、湖泊、江河、湿地。三个条件，缺一不可。这三个必须具备的条件，就形成了一套完整的下雪、下雨的循环系统。

这个循环系统就是：由于太阳光线的照射，将地球上的海洋、湖泊、江河、湿地中大量的水分蒸发吸收至大气层中，在大气层中形成了带雨的云层，从而产生了风、云、雨、雪、高压、低压、大气环流的运动，以及打雷、闪电、气候变化、气候异常等。而被太阳所吸收蒸发至大气层中的水蒸气所形成的带雨的云层，由于受冷热空气、高低气压、大气环流的影响，到了一定的程度，即条件成熟之时，这些带雨云层中的水分就又会降落而重新回到海洋、湖泊、江河、湿地以及地面上来。

从云到雨、雪，其实就是一个水滴或冰晶成长壮大的过程。云滴变大后从云中降下来，究竟是雨是雪还是其他形态，主要决定于云内和云下温度的高低。当云内温度在0℃以上时，云完全由水滴组成，云滴增大后掉下来便是雨。云内温度虽然低于0℃，但云下气层的温度如果仍然高于0℃时，云滴增大后掉下来的虽然可能是过冷水滴、冰晶或雪花，但在通过云下较暖的气层后也会融化为雨滴。来不及完全融化的，就会雨、雪同下，我们把这种现象叫做雨夹雪。只有当云内和云下的气层温度都低于0℃时，掉下来的才是雪花。

这种被太阳从海洋、湖泊、江河、湿地中蒸发吸收至大气层中又降落下来的水分所导致的下雪、下雨的过程，就是一个循环往复而无止境的流通过程。比如：潮湿的地面，在阴天没有太阳的时候，很不容易干燥；但当太阳一出来，被猛烈的太阳光一晒，地皮很快就会干。这种潮湿的水汽就是被太阳吸收蒸发到了大气层中。人们所穿的衣服洗后晒干也是同样的道理。这一条件的形成，关键还在于太阳，在于地球距离太阳的远近，既不能太远，也不能太近。太远，温度会太低，地球上的海洋、湖泊、江河、湿地中的水将会全部被冻成冰层，同时，太阳的吸收蒸发能力也会太弱，而达不到形成雨、雪的目的；太近，温度又太高，超过了100℃，水就会成为开水而被蒸发掉。因此，太阳与地球距离远近的适宜，成就了地球上雨、雪的形成，也成就了地球上一套完整的生物链。

早期的地球，由于温度处在0℃以下，气候十分寒冷，只能下雪，不能下雨，在地球的表面形成了厚厚的冰雪层，为以后海洋的形成提供了大量的水源。现在地球上的雨水，已成为地球上必不可少的淡水资源的唯一来源。

雨、雪的产生，滋润着地球上的山川和湖泊，滋润着地球上的动植物的生长与繁殖，滋润着人类的生存与繁衍。它们是地球上的江河、湖泊、湿地和地幔中水资源补充的主要渠道，也是地球上万物生灵必不可少的淡水资源。

雨、雪本是一家，却也各具特点，有些人喜欢淅淅沥沥、缠绵不断的细雨，有些人则更为欣赏飘飘扬扬、千娇百媚的雪花。所谓，"萝卜青菜，各有所爱"。

雨的魅力和雪的韵味各有千秋，难分伯仲。那么，就让我们一起进入雨雪霏霏的世界，共同了解和认识它们吧！

上篇

雨之魅

厚厚云层天空悬，电闪雷鸣彻宇寰。
原野潺潺水漫地，雨打山川禾苗欢。

第 一 章

"云的使者" ——雨的形成和作用

第一节 雨的形成

"云青青兮欲雨，水澹澹兮生烟。"这是唐代大诗人李白在《梦游天姥吟留别》中的诗句。让人佩服的是，在1000多年前，诗人李白就通过他直观、朴素的观察，用诗句准确阐述了水生云、云生雨的科学原理。

从诗中我们知道，雨来自云中。但是有了云，却不一定就会下雨。为什么呢？这还得先从云的形成说起。

天上飘浮的朵朵白云，究竟是从哪里来的呢？

只要我们细心观察，其实不难发现生活中的以下情形：潮湿的庄稼地，几天不下雨，不浇水，就出现了旱情；城市马路上，洒水车把路面洒得湿漉漉的，而过不了多长时间，就又变得干燥了；家里的鱼缸，如果长时间不换水，也会变浅……这些水都跑到哪里去了呢？你也许会说，它们都渗透到了土壤中。当然，渗

层积云

透是一方面原因。然而，栽在花盆里的花，几天不浇水，盆土就会变得干燥；洗过的湿衣裳挂到绳子上，过不了几天也会晾干；刚从田里打下的湿粮食摊晒到平地上，经过几天风吹日晒，便慢慢变得干燥了……它们又是怎么变干燥的呢？原来，由湿变干还有一条重要途径——蒸发。水分经过蒸发变成水汽，跑到空中去了。

　　大气中的水汽，主要来自于海洋、河流、湖泊和地表水分的蒸发。大家知道，我们赖以生存的地球是一个大水球，它的表面积约为5亿平方千米，而陆地面积还占不到3/10。这么大的水面，在太阳的照射和风的吹动下，无时无刻不在蒸发，于是，空气中便具备了充沛的水汽。这些水汽上升到一定高度后，遇冷达到饱和状态，就凝结成云了。

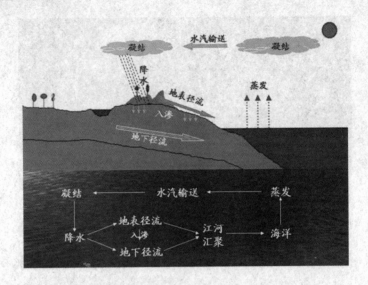

自然界的水循环

8

卷层云

　　根据形成云的上升气流的特点，云可分为对流云、层状云和波状云3大类。对流云包括淡积云、浓积云、秃积雨云和鬃积雨云，卷云也属于对流云；层状云包括卷层云、高层云、雨层云和层云；波状云包括层积云、高积云、卷积云。

不过，大部分的云都不会下雨，因为，由云变雨，还需要一个复杂的物理过程！

云是由大量漂浮在空中的许许多多肉眼看不见的小水滴或小冰晶组成的，或者由小水滴和小冰晶混合组成。它们的个头很小，大多数直径还不到 1 毫米的 1%，在 1 立方米的空间中，可以密集地存在几千万甚至几亿个。他们高悬在空中不往下掉，首先是由于空气中有上升气流在下面顶托；其次是云中水滴或冰晶个头太小，重量太轻，受地心引力作用不大，于是下降的速度非常缓慢。一个直径 20 微米的云滴若从 1000 米的高空掉下来，需要整整 6 个小时。何况云滴在下降过程中还要连闯两个大关：冲过上升气流的顶托；经受住被再一次蒸发掉的危险。只有水汽在云滴上继续进行凝结或凝华，以及云滴间相互碰并，大水滴不断"吃掉"小水滴，使得水滴或冰晶体积越来越大，以致大到本身的重量足以克服上升气流的阻力时，才能以雨、雪或其他形态降落到地面上。

高积云

从云到雨，其实就是一个水滴或冰晶成长壮大的过程。云滴变大后从云中降下来，究竟是雨是雪还是其他形态，主要决定于云内和云下温度的高低。当云内温度在 0℃ 以上时，云完全由水滴组成，云滴增大后掉下来便是雨。云内温度虽然低于 0℃，但云下气层的温度如果仍然高于 0℃ 时，云滴增大后掉下来的虽然可能是过冷水滴、冰晶或雪花，但在通过云下较暖的气层后也会融化为雨滴。来不及完全融化的，就会雨、雪同下，我们把这种现象叫做雨夹雪。只有当云内和云下的气层温度都低于 0℃ 时，掉下来的才是雪花。

最容易观测的"成云致雨"现象是烧开水。把锅盖或壶盖一掀，白色的"烟气"便拼命向上飘，来不及飘走的，便附着在锅盖或壶盖上，变成一层晶莹的小水珠。如果将锅盖或壶盖稍稍振动或倾斜，这些小水珠便汇聚到一起，从锅盖上淌下来。

10

第二节　雨的作用

雨水滋润万物，让地球焕发出勃勃生机。其中，它对农作物的影响最为突出。在没有先进的灌溉设备以前，人们都是靠天吃饭。唐代大诗人杜甫脍炙人口的诗句"好雨知时节，当春乃发生。随风潜入夜，润物细无声。"便形象、传神地表现了春雨对农作物的重要作用。春雨总是那么体贴人意，知晓时节，在人们急需的时候飘然而至，催发生机。

雨水滋润山川

　　首先是降水性质和强度对农作物的影响。例如，进入雨季以来，北京地区夜雷雨频繁出现，这种降水对农作物是大有好处的。因为这些雨水能保证农作物生长的水分供应，又使各类农作物有较好的光合作用时间，有利于有机物的合成；雷雨伴有闪电，能分解空气中的氮而给农作物带来氮肥。但是，长时间的连阴雨虽说也能供给农作物所需的水分，但因下雨持续时间长，阴云密布，长期见不到阳光而影响农作物的光合作用，不利于有机物的合成和积累，反而影响了农作物和植物的生长。

　　从降水的强度来说，中雨最有利于农作物的生长；暴雨常造成洪涝灾害，使土壤中的泥沙大量流失，破坏土壤结构和肥力，淹没农田后还使土壤中的氧气减少，导致农作物根系死亡，也就是人们常说的"烂根"或"烂秧"现象；小雨对农作物有效性较差，也就是人们常说的"庄稼不解渴"。

雨水的充沛与否影响到农作物的收成好坏

12

　　其次是降水季节分配对农作物的影响。一年中，降水分配均匀时，能保证农作物正常生长；当年内降水分配不均时，则可能产生干旱和洪涝。就拿北京地区降水的季节分配来说，对农作物生长发育是有利的，但有时因降水过多或过少，往往造成农作物产量的不稳定。夏季是农作物生长的旺盛季节，也是农作物需要水分的时期。北京地区70％的年降水量都集中在夏季，一般能满足农作物的生长发育需要。降水多、雨量大，有利于农作物的生长，但也要注意防洪排涝。秋季因春播和夏播作物都进入生长后期，对水分需求逐渐减少，一般的降水量都可以满足农作物的需求。但由于北方春雨少，秋雨对冬小麦春季返青、生长和春播提供了良好的水分供应基础，因此必须重视及时贮存秋雨。

　　总之，降水量的多少，降水强度的大小，降水年度季节分配是否均匀，都对农作物生长发育影响很大。

　　作为地球水循环不可缺少的一部分，雨水是为几乎所有的远离河流的陆生植物补给淡水的唯一方法。除了对农作物的灌溉作用，下雨还利于水库蓄水，补充地下水，补充河流水量，利于发电和航运；还能够减少空气中的灰尘，降低气温；可以隔绝嘈杂的世界，营造安宁的环境，等等。

和"雨"有关的节气

　　二十四节气起源于黄河流域。远在春秋时代，就定出仲春、仲夏、仲秋和仲冬等四个节气。以后不断地改进与完善，到秦汉年间，二十四节气已完全确立。公元前104年，由邓平等制定的《太初历》，正式把二十四节气订于历法，明确了二十四节气的天文位置。

　　太阳从黄经0度起，沿黄经每运行15度所经历的时日称为一个"节气"。每年运行360度，共经历24个节气，每月2个。其中，每月第一个节气为"节气"，即：立春、惊蛰、清明、立夏、芒种、小暑、立秋、白露、寒露、立冬、大雪和小寒等12个节气；每月的第二个节气为"中气"，即：雨水、春分、谷雨、小满、夏至、大暑、处暑、秋分、霜降、小雪、冬至和大寒等12个节气。"节气"和"中气"交替出现，各历时15天。现在人们已经把"节气"和"中气"统称为"节气"。

　　在二十四节气中，和"雨"有关的节气有两个，一个是"雨水"，一个是"谷雨"，由此也可见降水对农作物的重要性了。

　　"雨水"节气的涵义是降雨开始，雨量渐增。这一节气的天气特点对越冬作物生长有很大的影响，农谚说："雨水有雨庄稼好，大春小春一片宝。"所以农村根据天气特点，对三麦等中耕除草和施肥，清沟埋墒，为排水防渍做好准备。

雨水节气，南北农事忙

　　在二十四节气的起源地黄河流域，"雨水"之前天气寒冷，只见雪花纷飞，难闻雨声淅沥。"雨水"之后气温一般可升至0℃以上，雪渐少而雨渐多。可是在气候温暖的南方地区，即使隆冬时节，降雨也不罕见。我国南方大部分地区这段时间候平均气温多在10℃以上，桃李含苞，樱桃花开，确以进入气候上的春天。除了个别年份外，霜期至此也告终止。嫁接果木，植树造林，正是时候。华南继冬干之后，常年多春旱，特别是华南西部更是"春雨贵如油"。农业上要注意保墒，及时浇灌，以满足小麦拔节孕穗、油菜抽苔开花需水关键期的水分供应。西北高原山地仍处于干季，空气湿度小，风速大，容易发生森林火灾。

随着雨水节气的到来，雪花纷飞，冷气浸骨的天气渐渐消失，而春风拂面，湿润的空气、温和的阳光和萧萧细雨的日子开始向我们走来。所以杜甫诗云："好雨知时节，当春乃发生。随风潜入夜，润物细无声。"诗人用生动的笔触为我们描述了春天是万物萌芽生长的季节，是需要雨水的时候了。当夜幕降临时这春雨便会伴着风，悄悄地、柔柔地降临人间，滋润着万物。

而进入公历四月的谷雨节气，跟早春二月时的雨水节气，虽同有一个"雨"字，但在涵义上有着很大的区别。雨水节气，不见雪花飞舞，静听春雨无声，意味着黄河中下游地区开始下雨。而谷雨节气的名称，来自古人的"雨生百谷"之说，表示这个时期的降水对农作物的生长极为重要。不过这谷雨的"谷"字不仅指谷子这一种庄稼，而是农作物的总称。谚语说"谷雨无雨，交回田主"，是从相反的角度来说明雨水的重要。

第二章

缤纷家族——雨的分类和测量

第一节　成因不同的降雨

16

按空气上升运动的不同成因，降雨可分为对流雨、地形雨、锋面雨和台风雨4种类型。

对流雨

大气对流运动引起的降水现象，习惯上也称为对流雨。近地面层空气受热或高层空气强烈降温，促使低层空气上升，水汽冷却凝结，就会形成对流雨。对流雨来临前常有大风，大风可拔起直径50厘米的大树，并伴有闪电和雷声，有时还下冰雹。

对流雨主要产生在积雨云中，积雨云内冰晶和水滴共存，云的垂直厚度和水汽含量特别大，气流升降都十分强烈，可达20～30米/秒，云中带有电荷，所以积雨云常发展成强对流天气，产生大暴雨、雷击事件。大风拔木，暴雨成灾常发生在这种雷暴雨中。

对流雨以低纬度最多，降水时间一般在午后，特别是在赤道

对流雨形成模式图

地区，降水时间非常准确。早晨天空晴朗，随着太阳升起，天空积云逐渐形成并很快发展，越积越厚，到了午后，积雨云汹涌澎湃，天气闷热难熬，大风掠过，雷电交加，暴雨倾盆而下，降水延续到黄昏时停止，雨后天晴，天气稍觉凉爽，但是第二天，又重复有雷阵雨出现。在中、高纬度，对流雨主要出现在夏半年，冬半年极为少见。

我国也有对流雨，常出现在夏季午后，因为夏季是一年中最热的季节，而午后又是一天当中最热的时候。

地形雨

气流沿山坡被迫抬升引起的降水现象，称之为地形雨。地形雨常发生在迎风坡。在暖湿气流过山时，如果大气处于不稳定状态，也可以产生对流，形成积状云；如果气流过山时的上升运动，同山坡前的热力对流结合在一起，积云就会发展成积雨云，形成对流性降水。在锋面移动过程中，如果其前进方向有山脉阻拦，锋面移动速度就会减慢，降水区域扩大，降水强度增强，降水时间延长，形成连阴雨天气，可持续在 10 ~ 15 天以上。

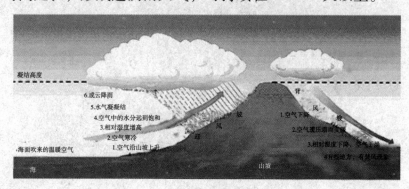

凝结高度

6.成云降雨
5.水气凝结
4.空气中的水分远到饱和
3.相对湿度增高
2.空气寒冷
1.空气沿山坡上升

背风坡

1.空气下降
2.空气蓬压瑞雨变暖
3.相对湿度下降，空气干燥
4.较些地方，有焚风现象

海面吹来的温暖空气

海

山坡

地形雨的成因

在世界上，最多雨的地方，常常发生在山地的迎风坡，称为雨坡；背风坡降水量很少，成为干坡或称为"雨影"地区。如挪威斯堪的那维亚山地西坡迎风，降水量达 1000 ~ 2000 毫米，背风坡只有 300 毫米。又如，我国台湾山脉的北、东、南都迎风，降水都比较多，年降雨量 2000 毫米以上，台北火烧寮达 8408 毫米，成为我国降水量最多的地方。一到西侧就成为雨影地区，降水量减少到 1000 毫米左右。还有夏威夷群岛的考爱岛迎风坡年降水量12040 毫米，成为世界年降雨量最多的地方。印度的乞拉朋齐年降水量 11418 毫米，也是位于喜马拉雅山南麓的缘故。

锋面雨

锋面活动时，暖湿空气上升、冷却、凝结而引起的降水现象，称为锋面雨。锋面常与气旋相伴而生，所以又把锋面雨称为气旋雨。锋面有系统性的云系，但是并不是每一种云都能产生降水。

18

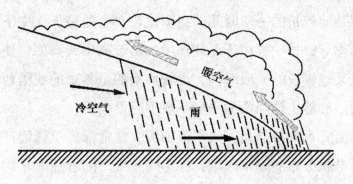

锋面雨示意图

锋面雨又分冷锋雨、暖锋雨、准静止锋降水。

（1）冷锋降水

一般发生在秋、冬、春季节，分为快速冷锋和慢速冷锋。

原理是：空气中的冷气流势力大于暖气流。

冷锋到来的后果是：当慢速冷锋到来时，会形成连续的降雨，一般会持续几天，而且降水强度不大，一般不会伴有雷电。快速冷锋到来时，天空会很快阴暗下来，降水持续时间一般较短，但强度大，而且伴有大风和雷电。这与对流降水非常相似。冷锋过后，气温下降，气压升高，天空晴朗。

（2）暖锋降水

一般发生在气温上升的季节。

原理是：空气中的暖气流势力大于冷气流。

暖锋到来的后果是：暖锋到来时，一般会连续降水几天，降水强度一般不会太大。暖锋过后，气温上升，气压降低，天空转晴。

（3）准静止锋降水

有两种情况：一种由于冷、暖气流相当，势均力敌，使降雨带停留某地较长的一段时间，我国比较典型的是长江中下游地区的梅雨季节；另一种由于地理环境，由于高山或高原，使降雨带停留在某地较长的一段时间，比较典型的是冬季的我国西南地区的降雨。准静止锋降雨的强度一般不会很大。

锋面降水的特点是：水平范围大，常常形成沿锋面产生大范围的呈带状分布的降水区域，称为降水带。随着锋面平均位置的季节移动，降水带的位置也移动。例如，我国从冬季到夏季，降水带的位置逐渐向北移动，5月份在华南，6月上旬到南岭—武夷山一线，6月下旬到长江一线，7月到淮河，8月到华北，从夏季到冬季，则向南移动，在8月下旬从东北华北开始向南撤，9月即可到华南沿海，所以南撤比北进快得多。

锋面降水的另一个特点是持续时间长，因为层状云上升速度小，含水量和降水强度都比较小，有些纯粹的水云很少发生降水，有降水发生也是毛毛雨。但是，锋面降水持续时间长，短则几天，长则10天半个月以上，有时长达1个月以上。"清明时节雨纷纷"，就是我国江南春季的锋面降水现象的准确而恰当的描述。

台风雨

台风活动带来的降水现象，称为台风雨。台风不但带来大风，而且相伴发生降水。台风云系有一定规律，台风中的降水分布在海洋上也很有规律，但是在台风登陆后，由于地形摩擦作用，就不那么有规律了。例如风中有上升气流的整个涡旋区，都有降水存在，但是以上升运动最强的云墙区降水量最大，螺旋云带中降水量减少，有时也形成暴雨，台风眼区气流下沉，一般没有降水。

台风雨过后的广东罗定江

台风区内水汽充足，上升运动强烈，降水量常常很大。台风到来，日降水量平均在800毫米以上，强度很大，多属阵雨，台风登陆常常产生暴雨，少则200～300毫米，多则在1000毫米以上。我国台湾新寮在1967年11月17日，由于6721号台风影响，1天降水量达1672毫米，2天总降水量达2259毫米，台风登陆后，若维持时间较长，或由于地形作用，或与冷空气结合，都能产生大暴雨。我国东南沿海，是台风登陆的主要地区，台风雨所占比重相当大。

第二节　雨量的分级和测量

降水量是用来衡量降水多少的一个概念，它是指雨水（或融化后的固体降水）既不流走，也不渗透到地里，同时也不被蒸发掉而积聚起来的一层水的深度，通常以毫米为单位。

在气象上，通常用某一段时间内降水量的多少来划分降水强度。最常用的对降雨的分类方法是按降水量的多少来划分降雨的等级。

根据国家气象部门规定的降水量标准，降雨可分为小雨、中雨、大雨、暴雨、大暴雨和特大暴雨6种（见下表）。

各类雨的降水量标准（单位：毫米）

种类	24 小时降水量	12 小时降水量
小雨	小于 10.0	小于 5.0
中雨	10.0~24.9	5.0~14.9
大雨	25.0~49.9	15.0~29.9
暴雨	50.0~99.9	30.0~69.9
大暴雨	100.0~249.0	70.0~139.9
特大暴雨	250.0 以上	140.0 以上

但是，由于各地具体情况不同，各地气象预报部门对于当地各类降水的标准也有些自己的规定。例如，在广东，24 小时内下 50~70 毫米雨的机会较多，当地气象部门规定 24 小时降水量在 80 毫米以上的雨才算作暴雨。在新疆、甘肃、宁夏、内蒙等地，24 小时内下 50 毫米雨的场合极少，则规定 24 小时降水量在 30 毫米以上的雨都可算作暴雨。

在以上的介绍中，我们已经知道了雨分为不同的等级，有小雨、中雨、大雨和暴雨等等。那么，降雨量是如何测量出来的呢？

1 毫米的降雨量就是单位面积上水深 1 毫米，大约有一根火柴的横截面那么深。1 毫米降雨量落到田地里有多少呢？我们知道，1 毫米是长度 1 米的 1/1000，每公顷土地面积是 10000 平方米，因此，1 毫米雨就相当于每公顷地里增加了 10 立方米的雨。但是，由于降雨量分布不均匀，有时那边下得大，这边下得小，又有时这边下得大，那边下得小，特别是夏天的雷阵雨，差别更大。而土壤所接纳的雨量还与降水性质、土壤结构、土壤类别、地面覆盖物和地形地势等有密切关系。因此，以上计算只能算是粗略的估算。

　　我国劳动人民在长期的生产实践中，对雨量有了深刻的认识。过去没有测定雨量的设备和仪器，便依靠雨水入土深浅来估算，直到现在，农村中仍然保留着"几指雨"、"一耧雨"或"一犁雨"之说。

　　目前，气象和水文部门普遍使用雨量器来测量降水量的多少。雨量器包括雨量筒和雨量杯两部分。雨量筒是一个金属圆筒，直径为 20 厘米，口面积 314 平方厘米，分为上下两部分：上面部分高 23 厘米，带有一个漏斗；下面部分高 35 厘米，内装一只储水瓶。雨量器垂直地竖立在其口沿离地面 70 厘米高的地方，承接降雨或降雪。

　　降雨时，雨水经过漏斗流到瓶子里。观测时，把瓶里的水倒在特制的雨量杯内（雨量杯的口径和它的数量单位要跟雨量筒的口径保持一定比例），根据杯上的刻度就可以知道降雨量。

　　但是，一定口径的量杯只适用于测定对应口径雨量器的降水

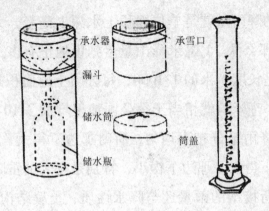

雨量器和量杯

量，如果用错了，所得降水量就会因为放大倍数不同而失去准确性。

气象观测规定，测定降雨量的时间定为每天 8 时和 20 时进行。但在炎热干燥的日子，为了防止蒸发太多，在降水停止后就要立即测量，以免造成降雨量不准。观测的具体方法是：把储水瓶里的降水倒入量杯内，用食指和拇指夹住量杯的上端，使它自由下垂，视线与水面平齐，以凹月面最低处为准，读取刻度数，记入观测簿。

没有雨量器时，可以用下面的办法大致测出降雨量：把上下同粗、底部水平的圆筒放在其口沿离地面 70 厘米高的地方承接降水。待雨停后，用米尺直接测量出水层深度，这就是实际降雨量。例如，米尺量得水深为 10 毫米，降水量就是 10 毫米。但是，这种测量方法毕竟误差较大，为力求准确，可以自己动手制作简易的雨量器：用一个口径为 20 厘米的薄铁漏斗，直接插入一个较大的瓶子中，旁边用活动螺丝固定在一根铝管上，薄铁漏斗的口面离地高度 70 厘米。降雨后，按规定用专用的量杯测量即可。

也可以找一个口径为 20 厘米的搪瓷碗，把碗底钻透，平放在一个直径小于搪瓷碗的圆桶口，桶内放一个储水瓶，碗底同储水瓶相连，使搪瓷碗的口沿离地面高度 70 厘米，测量方法同前。

如果条件不具备，对降雨量的大小还可以根据降雨状况来判断。降雨状况一般分为 4 个等级，即小雨、中雨、大雨和暴雨。

小雨：雨滴下降清晰可辨，地面全湿，洼地积水慢，屋上雨声微弱；

中雨：雨滴下降连续成线，雨滴落地四溅，洼地积水较快，屋上有沙沙雨声；

大雨：雨滴下降模糊成片，落地四溅较高，洼地积水很快，雨声哗哗；

暴雨：雨水猛如倾盆，雨声震耳，积水特快，迅速导致流水横溢，河道涨水。

气象台站为了准确掌握一天内雨量的连续变化，还设有"虹吸式雨量计"、"翻斗式摇测雨量计"和"水导式遥测雨量计"等。

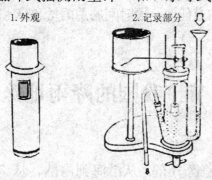

1. 外观　　　　2. 记录部分

雨量计

现将比较常见的虹吸式雨量计的结构和工作原理作一简单介绍。虹吸式雨量计是用来连续记录降雨量的仪器，由承水器、浮子室（包括浮子和虹吸管等）、自记钟、铁制圆筒形外壳等4部分组成。承水器的口部呈圆筒形，底部呈圆锥形（漏斗状），中间有一个小圆孔，装在圆筒形外壳的顶部。浮子室和自记钟均装在铁皮外壳内，有一金属管与承水器的漏斗相连，使雨水能直接流入浮子室。浮子室内有一浮子，其上固定一金属直杆，直杆的顶端从浮子室伸出。直杆上连接一只自记笔，用以在自记钟钟筒所卷的自记纸上进行记录。

其工作原理如下：下雨时，雨水从承水器流入浮子室，浮子室中的水位便逐渐升高，浮子跟着上升，与浮子相连的笔杆也随之上升。在自记钟筒的转动下，笔尖就在以雨量和时间为坐标的自记纸上画出连续的降雨量变化曲线。当浮子室中的水位达到一定高度后，水就通过虹吸管迅速排走，完成一次虹吸过程。此时，浮子下降，笔尖回到起始位置，重新记录雨量。雨水一次次充满浮子室，虹吸管一次次把水排走，笔尖就一条条地在自记纸上画出线条。根据这些线条，就可以知道任何一段时间的总雨量和降水强度了。

第三节　我国的降雨地区分布

我国的降雨地区分布，从沿海到内陆，从南方到北方，呈逐渐减少趋势：东部湿润，年降水量在500毫米以上；秦岭—淮河一线以南，年降雨量超过 750 毫米；长江流域约为 1000～1500 毫米；东南沿海约 1500～2000 毫米；西部除天山和祁连山部分山区年降雨量较多外，其余地区都在 500 毫米以下，比较干旱。

我国降雨量的季节分配也很不均匀。南岭以南的大部分地区及台湾省，整个夏半年（5～10 月）多雨。南岭以北，秦岭、淮河以南的长江中下游地区，全年多雨的月份是 4～6 月，7～8 月降雨量反而减少。云贵高原的中部和西部，青藏高原的南部地区，6～9 月为降雨最多的月份。秦岭、淮河以北的广大地区，全年降雨量高度集中在 7～8 月份。

从各地的降雨类型看，又可分为：江南的春雨，江淮的梅雨，北方的夏雨，华西的秋雨和台湾的冬雨。

江南春雨

"清明时节雨纷纷，路上行人欲断魂。"这是唐代诗人杜牧《清明》一诗中的名句，描绘的就是我国江南的霏霏细雨。

我国巴山和淮河以南、川西高原和云贵高原以东的广大长江流域地区，是我国春雨最多的地方，3～5 月 3 个月的总雨量一般都在 200 毫米以上，总雨日在 30 天以上。以长沙、南昌为例，3～5 月间，平均日照百分率只有 28%，即 72% 的白天见不到太阳；10 天里雨日就达 6 天，总雨量 647 毫米，几乎占了年雨量的 1/2。充沛的春雨，对种植水稻十分有利，这就是我国自古以来农作物分布形成的"南稻北麦"的气候原因。

阴雨天一多，地面上得到的太阳光热量就大大减少。土壤潮湿，水分蒸发又大量耗热，于是江南的春季升温缓慢，春季的时

江南春雨

间也就延长了。例如，南昌、长沙3月8日～10日入春，5月中旬春尽，时间长达69天之多，比北京要长14天左右。

但是，我国江南虽然多雨，却并非终日天气阴霾，而是时阴时晴，加之冬无严寒，空气湿润（相对湿度平均高达80%～85%），因此对茶叶、柑橘等许多亚热带植物栽培有利。我国南方的茶叶之所以质量优良，久负盛名，与当地独特的自然气候条件是分不开的。

还有，因江南冬春季阴雨时间长，夏秋伏旱时间短，所以全年雨量充沛，江河水流丰盈。雨水不断融蚀地表面的结果，造就了绿水青山、婀娜多姿的绚丽自然风光。

江淮梅雨

每年初夏，正值江淮梅子黄熟、梅林飘香的季节，天空却阴沉得像一块灰色的幕帐，连绵阴雨，时大时小，数日不见阳光。这就是人们常说的江淮梅雨。

28

梅雨是东亚地区特有的天气气候现象，其范围相当广大，大致在东经110°以东，北纬26～34°的广阔区域。这个雨带还跨海东渡，波及韩国和日本南部。

每年盛夏前后，来自西伯利亚和蒙古一带的干冷气团与来自海洋上的暖湿气团在这里会合，致使冷锋面不断出现，结果暴雨频繁，洪水泛滥。由于形成梅雨的两个气团势均力敌，故梅雨锋稳定少动，造成旷日持久的阴雨天气。

江淮梅雨

正常梅雨在6月中旬到7月上旬，时间长达20～30天，雨量在200～300毫米之间，约占当地全年雨量的20%～30%。但年际变化很大，入梅日期迟、早可相差40天，出梅日期可相差45天，历史上最长的梅雨时段长达60多天。也有些年份却一反常态，出现"空梅"，变成了"梅子熟时日日晴"，当然，这种情况的概率并不太大。

梅雨时节，气温较高，雨量丰沛，十分有利于水稻、蔬菜、瓜果等多种作物的生长。千百年来，我国劳动人民在生产实践中逐渐摸透了梅雨的"脾气"，合理地利用这一得天独厚的气候资源，将农作物布局和茬口安排做到因时制宜，让自然资源为人类服务，赢得了"两湖熟，天下足"和"江南鱼米之乡"的美称。

梅雨出现时，空气湿度很大，水汽常常吸附在人们的衣物、书籍、家具和食品上，时间一长，霉菌滋生，非常令人讨厌，所以有人又把它叫成"霉雨"。李时珍在《本草纲目》中写道："梅雨或作霉雨，言其沾衣及物，皆出黑霉也。"

梅雨天气的确给人们的生产和生活带来了某些不便，但也应该看到，丰沛的天然降水，却是人类赖以生存的根本条件。

但梅雨若严重异常，便会引起这一带罕见的洪涝或持续性干旱。像1931年、1954年以及1991年江淮流域的洪涝灾害，都是因为梅雨持续时间特长、梅雨量特大而造成的。由于降水来势猛，强度大，范围广，持续时间长，致使农田受淹，铁路中断，工厂停产，人民生命财产受到严重损失。如果梅雨期间雨水过少，甚至"空梅"，则会造成严重旱灾。

随着气象探测技术的不断发展，人们对梅雨的认识也越来越深入。为了确保人民的生命财产安全，在梅雨到来之前，应清理好田间墒沟、疏浚城市下水道，对露天物资进行苫盖，抢修危漏房屋，充分利用一切有利条件，稳妥地躲避梅雨带给人类的灾害；而在迟梅年或空梅年，还要做好抗旱的安排和电力的调度，确保粮食稳产高产。

北方夏雨

江淮流域的梅雨结束后，我国秦岭—淮河以北的广大北方地区则正式进入了雨季。这段时间，大致从 7 月中旬开始到 8 月上旬结束。其持续时间虽没有江淮流域的梅雨期长，但它却是华北地区的主要降雨季节。据统计，该时段雨量要占到当地全年雨量的一半以上。

当然，雨季的形成又与夏季风的进退有着直接关系。

我国地处中纬度地区，东南靠海，受季风影响比较大。冬季，我国大陆盛行冬季风，寒流频繁，雨水稀少，北方容易造成秋冬干旱；春末，夏季风开始活跃，从海上带来的暖湿气流，使温度显著升高。因此，在江南形成雨带后，随着夏季风的逐渐向北推进，华北的雨季便形成了。

夏雨来临之前

这夏季风又是什么系统带来的呢？

经分析，原来是"盘踞"在太平洋上纵横千里的一团暖空气——强大的副热带高压（简称副高），到了春末夏初逐渐向西、向北移动过程中带来的。

每年 4 月份，随着副热带高压加强北进，挟带着大量水汽的暖空气侵入华南沿海，同北方来的冷空气在福建、南岭一带交锋，造成一连十几天的多雨天气。到了 6 月上旬，暖湿空气势力越来越强，干冷空气势力逐渐衰退，副热带高压就产生了一次向北的跃进，冷、暖空气的交锋地带就转移并稳定在长江中下游地区，形成"梅雨"。7 月中旬后，暖湿空气继续加强，副热带高压再次产生向北的跃进，使冷、暖空气的交锋地带转移到华北地区，于是，我国北方干旱结束，雨季开始。这时的江淮流域一带，反倒被副热带高压所控制，从而进入天气炎热干旱的盛夏，俗称"伏旱"。

但是，北方的降雨不像南方的降雨那样"斯文"，它说下就下，说晴就晴。下起来狂风肆虐，倒屋拔树，雷暴助威，霹雳震天。降雨时间虽短，但强度极大，往往造成山洪暴发，江河横溢，平地撑船，一派洪荒，给人民的生命财产和国家的经济建设造成重大损失。

华西秋雨

在我国大部分地区，一到秋天，因受高气压控制，天气晴朗，空气清新，连中秋的月亮也显得格外皎洁。难怪唐人有诗云："秋宵月色胜春宵，万里霜天静寂寥。"但是，生活在"天府之国"的人，却对皎洁的中秋圆月难得一见。因为这时候，那里正下着绵绵秋雨呢。

近年来，不少气象工作者对秋雨现象进行了深入研究，一致

32

认为，华西地区（泛指陕西南部、四川北部和四川盆地以及湖北西部等地）和长江三角洲及杭嘉湖一带是典型的秋雨区，并把华西秋雨列入雨带季节性变动的一部分。

造成该地秋雨多的原因，是与其地形和气候特征有直接关系。秋季冷、暖空气常在这一带滞留交绥，云多、照寡、雨频、湿重。特别是四川盆地，成为全国的降雨中心。资料表明，四川省会成都市在1951～2005年的55年中，就有33年中秋夜阴云低垂，夜雨霏霏；有11年云厚天暗，星月隐蔽；有7年云天稍开，月光熹微；只有4年云净天高，皓月生辉。可见，四川盆地多秋雨的传言非虚。

从古到今，四川盆地的绵绵秋雨就十分引人注目，唐代文学家柳宗元曾用"恒雨少日，日出则犬吠"来形容四川盆地阴雨多、日照少的气候特色，以后便演变成了著名成语"蜀犬吠日"，比喻少见多怪。

四川盆地

秋雨和夏雨不同。夏季多阵雨和雷阵雨，大多由骤生骤消的积雨云所致，强度大、局地性强、雨量集中是其主要特征。秋雨则不然，它是以绵绵不断的连阴雨为主要特征，一般强度不大，但持续时间较长，能一连数日、十数日甚至数十日降雨不停，以致天空阴霾，不见日月，室内外空气潮湿，道路泥泞不堪，给人以郁闷不快之感。

台北冬雨

有一首歌词这样写："冬季到台北来看雨。"生在北方的人，大概会十分好奇：台北冬季的雨好看吗？是的，那里冬季的雨别有特色。

如果你有机会到气象台参观，翻开每天接收的可见光卫星云图，一眼就可以发现，我国的版图上冬季的晴阴对比十分明显。西北、华北、东北和西南大部分地区阳光明媚，一片灿烂，而在秦岭、淮河以南，贵州和四川盆地以东，也就是东经104°以东的长江中下游地区，却是我国冬季大面积阴沉多雨的地区。

台北冬雨

但是，这些地方虽然冬雨绵绵，强度却不大。例如，湖南郴州从当年的11月到来年的2月，总雨量是152.4毫米，总雨日60.4天，平均每个雨日只有2.5毫米，所以一般不会引起什么洪涝灾害，并且冬雨中的气温都在0℃以上，因此对越冬作物和蔬菜的生长反而有好处。

然而，我国宝岛台湾省的东北部可就大不一样了，那里是我国冬季雨量最多的地方。从气象资料中得知，基隆港从当年的11月到来年的2月，4个月时间总雨日多达85.8天，平均每月有雨20～22天；总雨量1108.3毫米；4个月中平均每月阴天22.5天，晴天只有1.7天，每天的日照时数仅有1小时46分钟。因而，基隆便获得了"雨港"的雅号。

台北冬季的多雨，是与它所处的特殊地形条件和受季风影响分不开的。因为台湾的东北部正好背倚台湾中央山脉，面迎旅海登陆的东北季风。挟带着大量暖湿气流的东北季风来到此地后无路可走，只好沿山脉的迎风坡抬升，在抬升过程中，暖湿气流遇冷凝结成云致雨，便使这里形成了独特的冬雨气候。而在台湾其他绝大部分地区，因处在西南季风盛行区，虽与台北一山之隔，降雨情况却迥然不同。

35

第 三 章

"空中杀手"——几种有害的雨

第一节　酸雨

36

　　近代工业革命，从蒸汽机开始，锅炉烧煤，产生蒸汽，推动机器；而后火力电厂星罗棋布，燃煤数量日益猛增。遗憾的是，含杂质硫的煤约 1% 在燃烧中将排放酸性气体 SO_2；燃烧产生的高温还能促使助燃的空气发生部分化学变化，氧气与氮气化合，也排放酸性气体 NO_x。它们在高空中为雨雪冲刷、溶解，雨成为了酸雨；这些酸性气体成为雨水中杂质硫酸根、硝酸根和铵离子。

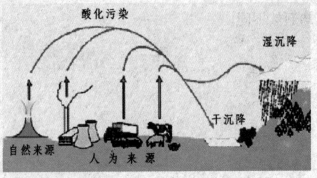

酸雨形成示意图

1872 年，英国科学家史密斯分析了伦敦市雨水成分，发现它呈酸性，且农村雨水中含碳酸铵，酸性不大；郊区雨水含硫酸铵，略呈酸性；市区雨水含硫酸或酸性的硫酸盐，呈酸性。于是史密斯首先在他的著作《空气和降雨：化学气候学的开端》中提出"酸雨"这一专有名词。

简单地说，酸雨就是酸性的雨。什么是酸？纯水是中性的，没有味道；柠檬水、橙汁有酸味，醋的酸味较大，它们都是弱酸；小苏打水有略涩的碱性，而苛性钠水就涩涩的，碱味较大，它们是碱。

科学家发现酸味大小与水溶液中氢离子浓度有关，而碱味与水溶液中羟基离子浓度有关，然后建立了一个指标：氢离子浓度对数的负值，叫 pH 值。于是，纯水的 pH 值为 7；酸性越大，pH 值越低；碱性越大，pH 值越高。未被污染的雨雪是中性的，pH 值近于 7；当它为大气中二氧化碳饱和时，略呈酸性，pH 值为 5.65。被大气中存在的酸性气体污染，pH 值小于 5.65 的雨叫酸雨；pH 值小于 5.65 的雪叫酸雪；在高空或高山（如峨眉山）上弥漫的雾，pH 值小于 5.65 时叫酸雾。

酸雨给人类带来的危害是多方面的。

酸雨对文物的腐蚀不容忽视。耸立在美国纽约的自由女神铜像，已经度过了百岁生日。但是，流逝的岁月却使它丧失了原来的光泽。女神在流泪，因为她受到了酸雨的严重腐蚀，尤其是近20 年来，这种腐蚀的速度大大加快。无独有偶，在欧洲，古罗马斗兽场和雅典巴特农神庙，近三四十年来蒙受酸雨的腐蚀比过去几个世纪还要严重；德国每年因纪念碑被酸雨腐蚀而付出的维修费就达数百万马克之多；荷兰政府每年要拿出几百万荷兰盾修复被酸雨腐蚀的古建筑和纪念碑。

酸雨还使城市自来水管道铜和铅的成分被溶解在饮用水中，直接威胁到人类的健康。

受酸雨侵蚀前、后的德国石雕

酸雨对植被也可造成严重破坏。黑森林是德国人最引以为豪的财富，几百年来，郁郁葱葱、墨绿色的常青树使一些城市获得了"黑森林城"的美称。但日益严重的酸雨，却使漫山遍野的新绿色变成了枯黄色。科学家们担心，长此以往，黑森林将厄运难逃，很可能会成为名副其实的"黑森林"。

酸雨对环境的污染日益严重，在一些工业发达的国家中，许多美丽而富有生机的湖泊风光不再，水里没有了鱼类畅游，湖面看不见水禽飞翔。据报道，仅美国纽约州阿迪龙达克地区就有200个湖泊"死亡"，美国东北部与加拿大交界地段的1500个湖泊有1/3受到了严重污染。

酸雨对土壤的影响也很大，它会毁灭土壤中的微生物，使有

酸雨腐蚀过的森林

机物的分解变慢，土壤板结，透气性差，影响植物生长。如果酸化使土壤中的铝渗出来，还可能会对生物产生毒性，并导致其他重金属迁移，养分流失。

较重

受酸雨影响的农作物

酸雨对人类健康造成了直接或间接的影响。美国科学家统计，因矿物燃料燃烧而排放的酸性硫酸盐，每年都要夺去 7500 ~ 12000 个美国人的生命；德国报道，酸雨使癌症、肾病和有先天性缺陷者大量增加。由于酸雨使土壤镉的含量增加，农作物里这种金属的含量也相应增加。人类吃了这样的粮食，能不影响身体健康吗？

酸雨是一种全球性公害，而北美和欧洲则是酸雨成灾的地区。在这些国家，酸雨不仅威胁本国人民的安全，而且还要顺着高空气流，横跨大陆和海洋，降落到别的国家，把灾难带给其他人。1982 年，瑞典接受外来酸性沉降物 118 万吨。1979 和 1980 年对我国重庆地区雨水的监测分析表明，pH 值已达 4.04 ~ 5.33，接近 1996 年欧洲酸雨的水平。1982 年我国开展了全国性的酸雨普查，结果发现，酸雨在长江以南地区比较普遍，广州、南昌、贵阳、重庆等地尤为严重。

了解了酸雨的形成和危害，我们就需要找到防止酸雨的根本方法——减少污染物质的排放。应该看到，大气中的氮氧化物和硫氧化物在某些气象条件下，能被气流输送到几百千米甚至几千千米以外的地方。如挪威每年沉降下来的硫化物就多达 5.6 万吨，这个数字竟然是挪威本国硫排放量的 6 倍。

目前，各国控制当地大气污染物浓度，大多采用高烟囱排放的措施，这种做法虽然减轻了对当地的污染，但却把污染物输送到了远方，因此这不是解决、防止酸雨的根本措施。最直接减少 SO_2 排放的方式是使用低硫燃料，但低硫燃料却是有限的，而采

40

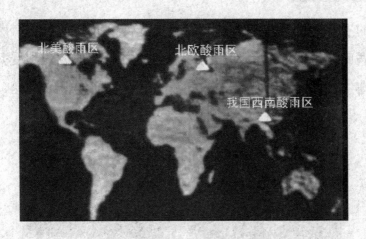

世界三大酸雨区分布图

取烟气脱硫在经济上可能代价太高。据联合国合作发展组织估算，如果工业使用的燃料改为烧煤，将煤中的硫回收利用，西欧的开支约需 11.7 亿美元，但这样却可以减少由污染造成约 80 亿美元的损失。这说明，从根本上防止酸雨的有效措施，还是控制大气污染物的排放。

第二节 暴雨

中国气象局规定，24 小时之内，由空中降落的雨量在 50 ~ 99.9 毫米的为暴雨，100 ~ 249 毫米的为大暴雨，超过 250 毫米的为特大暴雨。按照这个标准，暴雨的足迹几乎遍及全国。

暴雨的形成需要水汽的供应和输送十分充足且源源不断，而气流的上升运动又非常强烈而持久。受冷、暖空气交锋，大气中各种涡旋如低气压和台风等的影响，加之局部地区强烈受热或有利的地形，都可以形成猛烈的气流上升运动而成云致雨。

城市里的暴雨

我国的暴雨大部分是由于冷、暖空气交锋造成的。来自南方海洋上的暖湿气流（即夏季风），在我国大陆上空与北方南下的干冷气流（即冬季风）相遇、交锋，中间有一个交锋带，称为锋面。由于冷空气比暖空气重，交锋时冷空气斜插到暖湿空气的下面，这样，暖湿空气不得不沿着锋面向上爬升，在爬升到五六千米的高度时，受冷凝结，于是便成云致雨。由于冷暖空气的范围大，暖空气中的水汽多，形成的云便宽广而深厚。我国各地暴雨开始的迟早、次数的多少、强度的大小等，与大范围的冷暖气流的进退时期和早晚都有密切关系。

当然，除此以外，暴雨还往往发生在雷雨天气系统里。但以局部地区热力不稳定为主的热雷雨，所产生的暴雨范围较小，持续时间也不长，故在各地暴雨次数中所占比重不大。这种暴雨在山区或气候湿热地区容易出现。

暴雨来得快，雨势猛，尤其是大范围持续性暴雨和集中的特大暴雨。暴雨的危害主要有两种：

（1）渍涝危害

由于暴雨急而大，排水不畅易引起积水成涝，土壤孔隙被水充满，造成陆生植物根系缺氧，使根系生理活动受到抑制，加强了嫌气过程，产生有毒物质，使作物受害而减产。

暴雨可以造成渍涝

（2）洪涝灾害

由暴雨引起的洪涝淹没作物，使作物新陈代谢难以正常进行而发生各种伤害，淹水越深，淹没时间越长，危害越严重。特大暴雨引起的山洪暴发、河流泛滥，不仅危害农作物、果树、林业和渔业，而且还冲毁农舍和工农业设施，甚至造成人畜伤亡，经济损失严重。我国历史上的洪涝灾害，几乎都是由暴雨引起的，比如，1954 年 7 月长江流域大洪涝，1963 年 8 月河北的洪水，1975 年 8 月河南大洪涝，1998 年我国长江流域特大洪涝灾害，等等。

减轻暴雨危害，解决燃眉之急的是：在丘陵山地修建水库和防洪大坝；沿江河流域加固堤坝，疏浚河道；平地上则应利用天然湖泊、池塘或洼地来蓄水。田间防涝，要经常整修沟渠，使排灌自如。当然，选用早熟作物品种、调整作物播种期等农业技术，也能减轻洪涝危害。

从长远规划看，还是应当下大力气，绿化荒山，植树造林，保持水土。如大西北黄土高原的水土保持，就是一项跨世纪的生态工程。值得欣慰的是，经过多年的治理，已经大见成效。黄河上、中游 45.4 万平方千米的生态流失面积，已初步治理 16.6 万平方千米，一座座荒山秃岭重新披上了绿装，每年可减少入黄泥沙约 3 亿吨。现今的陕西省宜川河谷，100 多千米长的范围内，黄河两岸千沟万壑，绿被覆野，河水环绕，便是十余年封山育林、飞播造林的成果。

当然，暴雨并不是一无是处。当天气严重干旱，土地龟裂，农作物和花草树木在炎炎烈日下生命垂危、将要枯死的紧要关头，一场暴雨，则可以转危为安。同时，暴雨还能使高温天气暂时得到缓解。北方的暴雨，往往能使干涸的水库重新蓄满清水，给干渴的大地积蓄下珍贵的淡水资源，而且对大秋作物的生长至关重要，兴许一个较大的天气过程，就可以改变整个秋季的命

44

运，导致果实累累，五谷丰登。暴雨还可以补充地下水资源，提高地下水位，防止沿海城市地基下沉。

第三节　连阴雨

连阴雨一般指连续 3 ~ 5 天以上的连续阴雨天气现象，中间可以有短暂的日照时间，但不会有持续一天以上的晴天。它也是一种灾害性天气。连阴雨天气的日降水量可以是小雨、中雨，也可以是大雨或暴雨。连阴雨时间的长短，一般分为大于等于 3 天、大于等于 5 天、大于等于 7 天和大于等于 10 天等 4 个等级。根据这个标准，我国大部分地区除冬季外，春、夏、秋 3 季都有出现。

连阴雨天气

这种长时间连续降水的原因，主要是因为北方有冷空气源源不断地南下，与来自南方的暖湿空气交绥的结果。由于冷、暖空气势力相当，两者之间便形成了一个移动很慢或基本静止的交界面，这个交界面，气象上称为静止锋。因为静止锋的降水带很宽，又很少移动，所以就造成了大面积连阴雨天气。

连阴雨天气利弊均有。连阴雨天气如果发生在少雨干旱之后，在一定时期内对农业生产有利，能缓解旱象。但长时期连阴雨使得土壤过湿和空气长期潮湿，日照严重不足，常造成农作物生长发育不良，产量和质量遭受严重影响。

连阴雨使农作物烂根

其危害程度因发生的季节、持续的时间、气温高低和前期雨水的多少及农作物的种类、生育期等的不同而异。例如长江下游一带春季连阴雨，因光照不足，会发生三麦渍害和棉花烂种等现象。在收获季节出现连阴雨，能造成油菜、大小麦、水稻、花生等发芽霉烂，棉花烂铃、僵瓣，红薯腐烂等。

连阴雨使玉米发生霉变

另外，由于连阴雨，湿度过大，还可引发某些农作物病虫害的发生及蔓延。南方地区春季、江淮地区秋季、华北平原春末夏初、华南地区的秋季等都常有连阴雨发生。例如，1989年6月上旬初至中旬初，华北平原大部地区出现连阴雨天气，使正在收割期间的小麦霉变、发芽，损失较大。

长时期连阴雨不仅对农业生产造成严重危害，还极易引发地质灾害，对水利、交通、建筑等露天生产企业也产生不利影响；

46

另外，易引发人畜疾病流行，影响人们的日常生活。例如，2002年的4月15日~5月15日无锡出现了历史上罕见的连阴雨天气，雨日24天，对小麦的生长发育造成很大的影响，小麦赤霉病发生严重，籽粒不饱满，干粒重大幅度下降，并出现早衰枯死现象，当年小麦的产量和品质明显下降；由于持续月余的阴雨低温天气，医院病人也明显增多，部分供电线路发生故障，部分居民家中进水；由于降雨路面湿滑，引发各类交通事故60多起。

连阴雨天气是影响农作物稳产、高产的农业气象灾害之一。因此，必须做好防御工作。首先，应研究和掌握本地连阴雨天气发生及其危害的规律，搞好农作物及品种的布局和季节的安排，这是减轻或避免连阴雨天气危害的前提。

其次，应根据各地的不同情况，分别采取相应的防御措施：①对南方早稻播种期间的连阴雨，除根据天气变化规律，在冷尾暖头抢晴播种，采用薄膜覆盖或温室育秧外，搞好秧田管理，调节秧田小气候是防御低温阴雨天气影响，培育壮秧的主要措施。②对长江中下游地区麦类、棉花等作物主要生育期内的连阴雨，要搞好农田水利基本建设，排水畅通；低洼地区要做好水上整治，降低内河水位；沟渠配套，降低地下水位；提高栽培技术，改良土壤，推行中耕、培土等。注意收听天气预报，做好排渍和病虫防治工作。③对农田作物收获季节的连阴雨，应根据天气预报及时做好抢收抢晒工作。在条件许可的情况下，应配备必要的烘干设备，使雨天收获的庄稼能及时烘干，避免发芽、霉烂遭受损失。

第四节　冻雨

在初冬或冬末初春，人们常可以看到，当空中的雨落到近地面很冷的电线、树木、植被和地面上时，立即就凝结成一层晶莹透亮的薄冰了，久而久之，电线挂上了粗粗的冰条，地面上也积了一层薄薄的冰，有时边冻边淌，像一条条冰柱，这种冰层在气象学上又称为"雨淞"，这就是冻雨。我国南方把冻雨叫做"下冰凌"、"天凌"或"牛皮凌"，北方地区称它为"地油子"。

48

冻　雨

冻雨是如何形成的呢？冻雨多在强冷空气或寒潮到达时，由于冷、暖空气交锋而产生的。当有冷锋入侵时，使锋面下的气温和地面温度都降至0℃以下，而锋面上方的气温却在0℃以上且较潮湿，在锋面上方的云层内形成的雨滴落入温度低于0℃的气层时，就能变成过冷雨滴，这种过冷雨滴一旦降到温度低于0℃的地面或地物上，立即冻结成冰，形成一层密实光滑的、有时是透明的玻璃状冰壳。

冻雨落在表面温度低于0℃的树、电线上后，马上在它们外围结成晶莹透明的冰层，这时雨滴继续落在结了冰的物体表面上慢慢下垂，于是结成了一条条冰柱，有的地方称它为"冰挂"。冰挂千姿百态，耀眼夺目。庐山、黄山等名山，在冬季常被冻雨"打扮"得分外妖娆，每年总吸引成千上万的中外游客前来观光赏景。

冻雨多发生在冬季和早春时期。我国出现冻雨较多的地区是贵州省，其次是湖南、江西、湖北、河南、安徽、江苏及山东、河北、陕西、甘肃、辽宁南部等地，其中山区比平原多，高山最多。

冻雨风光值得观赏，但它毕竟是一种灾害性天气，它所造成的危害是不可忽视的。

电线结冰后，遇冷收缩，加上冻雨重量的影响，就会绷断。有时，成排的电线杆被拉倒，使电讯和输电中断。

冻雨会压坏电线

公路交通因地面结冰而受阻，交通事故也因此增多。

大田结冰，会冻断返青的冬麦，或冻死早春播种的作物幼苗。

另外，冻雨还能大面积地破坏幼林、冻伤果树等。例如，1972 年 2 月底，我国出现一次大范围的冻雨，广州、长沙、南京、昆明、重庆、成都、贵阳等地至北京的电信一度中断，造成的经济损失极其严重。对这次冻雨灾害人们记忆犹新。2008 年 1 月，江西南昌曾因冻雨，市区 3 小时停电，火车因铁轨冻冰无法驶出，进入南昌火车站，致使几万人拥堵在火车站。

50

冻雨会冻死早春的幼苗

对于冻雨的预防，主要是在冻雨出现时，要不断把雨凇敲刮干净。值得一提的是，如果飞机在含有过冷云滴的云中飞行时，过冷云滴受到机体的碰撞，就会立即在机翼、尾翼、螺旋桨、空速管和天线等最突出的部位结冰，严重者，可使飞机失掉平衡，发生事故。当然，这种危害不是不可以避免的，只要开动安装在飞机上的除冰设备，就可以把刚结成的冰给驱落下来。不过，从安全角度考虑，在不得不飞行的时候，最好的办法还是避开结冰严重的区域绕行。

第 四 章

破解 "雨神" 密码——人工增雨史话

第一节 人工增雨的科学原理

从 20 世纪 40 年代，人们开始了"呼风唤雨"的尝试，60多年来，经过科研人员的不懈努力，在这方面取得了一定的进展。在气象学中，把"唤雨"称为"人工增雨"。

变幻莫测的天空，是怎样"服从"了人的调遣，降下雨来的呢？

首先让我们看看云的降水机制。云是空气垂直运动的结果，随着空气的上升，地面的水汽也被夹带着一起上升，在这个过程中，一部分水汽蒸发掉，一部分则升入云中，遇冷而凝结，成为云中水汽的一部分。高空的云是否下雨，不仅仅取决于云中水汽的含量，同时还决定于云中供水汽凝结的凝结核的数量。即使云中水汽含量特别大，若没有或仅有少量的凝结核，水汽是不会充分凝结的，也不能充分地下降。即使有的小水滴能够下降，也终会因太少太小，而在降落过程中中途蒸发。

基于这一点，人们就想出了一个办法，即根据云的情况（性质、高度、厚度、浓度、范围等），分别向云体播撒致冷剂（如干冰、丙烷等）、结晶剂（如碘化银、碘化铅、间苯三酚、四聚乙醛、硫化亚铁等）、吸湿剂（食盐、尿素、氯化钙）和水雾等，以改变云滴的大小、分布和性质，干扰中气流，改变浮力平衡，加速其生长过程，达到降水之目的。

要进行人工增雨，还要分清暖云和冷云。云体温度在0℃下的叫冷云，在0℃上的叫暖云。因为对于冷云和暖云，人工增雨的原理和方法都是完全不同的。

52

人工增雨流程示意图

我们先说人工冷云增雨。要不下雨雪的冷云发生降水的关键是要使云内有足够数量的冰晶。因为冰面上的饱和水汽压比水面要低，因此当云冰晶和水滴（0℃下而未结冰的过冷却水滴）同时存在时，水滴中的水会自动蒸发，并凝华到冰晶上，使冰晶不断长大成为雪花，最后降到地面上。如果云的下部和地面气温在0℃上，雪花融化成为水滴，就是降雨了。

冷云降水的这种原理，便是著名的"冰水转化理论"。但是在自然条件下，云中即使温度低至零下二三十度，过冷却水滴还常常不结冰。为了使这种云降雨雪，必须在云中人工制造大量冰晶。目前常用的办法是在云中播撒干冰（固体二氧化碳）。干冰的温度是零下 78.5℃，可迅速使云中温度降到零下三四十度以下。大量过冷却水滴冻成冰晶以后，冰水转化过程就开始了。近年来还有用液氮作催化剂的，它的温度低达零下 195.8℃，效率就更高了。

暖云中都是水滴，因此要不降雨的暖云发生降雨要另想办法。不降雨的暖云之所以不降雨，主要是云中水滴太小，长不大，掉不下去。因此暖云人工增雨的关键就是在云顶部播撒大水滴（作为种子），或者在云中播撒吸湿性物质的微粒作为凝结核，从而在短时间内形成比较大的水滴。这种大水滴在下降过程中会吞并较小（因而降落速度较慢）的小水滴而迅速长大。当水滴直径长大到了 3 毫米以上时，还会在升降过程中发生破碎。这些破碎水滴又会成为新的种子，产生连锁反应，最后发展成为大批大雨滴而降落到地面。这叫做暖云降水的"碰并增长理论"。

正在进行人工降雨作业的 WC－130A 型气象机

54

　　经过实验，在云顶部播撒大水滴（直径为 30～40 微米），虽然成本低廉，但效果也不太好。暖云人工增雨的吸湿性物质目前主要有盐粉（氯化钠）、氯化钙、尿素、硝酸铵等。经试验，人工增雨飞机每千米飞行撒播 24 千克盐粉效果较好。不过盐粉和氯化钙等碱性物质对设备和飞机以及农作物都有一定腐蚀作用，所以我国空军现在已禁止在飞机上用盐粉进行人工增雨。尿素和硝酸铵也有很强的吸湿性能，而腐蚀作用很小，本身又是农作物生长的肥料，因而是有效而实用的暖云人工增雨催化剂。

第二节 人工增雨技术的关键——催化剂

1946 年 7 月的一天，天气炎热，美国气象学家谢弗在一个普通的冰箱里做试验。他不断地向冰箱哈气。由于外界温度太高，冰箱内很难有雾气出现。谢弗想让冰箱里的气温再降低一些，于是取了一块干冰（固态二氧化碳，常用来做冰冻剂）放进了冰箱。当他再哈气时，奇迹出现了，冰箱里出现了成千上万个闪闪发亮的小冰晶——这就是人造的雪花。干冰的催化作用由此被确认。

如果把干冰洒在云中，会出现什么情况呢？谢弗从一架小飞机中向一块 –20℃ 的层状云中播撒了 1.36 千克的干冰，5 分钟后，不同形状的雪花从空中纷纷扬扬地飘落。这表明，用少量催化剂改变过冷云层，可达到降雨雪、消散云层的目的。"雨神"密码被破译，人类用自己的力量影响天气的历史迈出了重大的一步。

谢弗用干冰作催化剂的实验成功后，他的同事冯尼古特发现，在过冷雾中引入碘化银颗粒后，也能产生大量冰晶。这一发现促使人工降雨得到迅速发展，因为播撒碘化银所需设备简单，费用低廉。

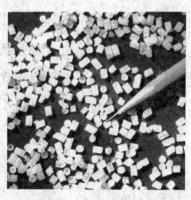

干冰

目前，人工增雨使用的催化剂通常分为 3 类：①可以大量产生凝结核或凝华核的碘化银等成核剂；②可以使云中的水分形成大量冰晶的干冰等制冷剂；③可以吸附云中水分变成较大水滴的盐粒等吸湿剂。碘化银、干冰等是适用于温度低于 0℃ 冷云的催化剂；而盐粒等，是只适用于温度高于 0℃ 暖云的催化剂。后者属于碱性物质，对增雨设备、农作物都有一定的腐蚀作用，所以，目前我国主要是对冷云实施人工增雨。

目前催化作业的方式大体有 3 种：

（1）以在地面布置碘化银燃烧炉为主要手段。催化剂依靠山区向阳坡在一定时段常有的上升气流输送入云。这种方式的优点是经济、简便，其明显的缺点是难以确定催化剂入云的剂量。这种方式主要适合于经常有地形云发展、交通不便的山区。

（2）以高炮和火箭为主的地面作业。由于增程焰剂炮弹和焰剂火箭的研制成功，将催化剂在合适的时段按需要的剂量输送到云的合适部位的问题已基本上获得解决。其缺点是虽已有车载火箭装备，可在一定范围内移动，但相对于飞机机动性仍较差，适合于在固定目标区（如水库）作业，特别是对飞机飞行安全有威胁的强大对流云进行催化作业。WR－1B 型增雨防雹火箭作业系统是目前经国家人影办唯一认定的火箭作业系统。它采用中国气象科学研究院 BR－91－Y 型高效碘化银焰剂，产生含碘化银的复合冰核气溶胶，具有很高的成核率，其性能指标高于美国和独联体的同类产品。

（3）飞机催化作业。飞机催化作业的面比较宽，可以根据不同的云层条件和需要，选用暖云催化剂及其播撒装置，选用制冷剂及其播撒装置（如干冰、液氮），也可挂载碘化银燃烧炉、挂载飞机焰弹发射系统，还可装载探测仪器进行云微结构的观测和催化前后云宏、微观状态变化的追踪监测。不过不是所有的云都可以用来"播雨"的，一般说来低云族中的雨层云和层积云，或中云族中的高层云较为适宜；少云或者晴空条件下，就不能进行飞机人工增雨。

第三节　有关人工增雨的若干问答

问题一：乌云密布的天空就一定会下雨吗？

目前比较通行的人工增雨作业方式有飞机播撒催化剂，高炮、火箭发射催化剂，地面燃烧催化剂等等。因此云的大小，云层的高度、厚度，云的移动路径，动力、水汽条件，进行作业时选择的高度、部位、剂量、时间等因素都会影响到最终的结果。有时为保证作业安全，不得不放弃最佳的作业位置，这对作业效果也有一定的影响。还有，催化剂发生作用需要1～3小时左右，这段必要的时间有时也会改变作业结果。

问题二：人工增雨后旱情就会缓解吗？

对于人工增雨，人们有一种误解，就是下了雨旱情就会消失。事实上，通过人工增雨的方式增加降雨后，旱情只能在一定

人工增雨

58

程度上得到缓解，并不可能根本消除。旱情的彻底解除，除增加降雨量外，还需要水利设施的密切配合。

人工增雨不能完全消除旱情

问题三：人工增雨适合于所有地区吗？

从理论上分析，在自然灾害多发区域，不太适合多用人工增雨。因为在水土保持较差地区，或洪涝、泥石流多发地区，人工增加雨量反而会诱使灾害的发生。

问题四：人工增雨会造成生态污染吗？

人工增雨所使用的催化剂多为化学合成剂，在使用过程中会不会造成环境污染呢？有分析表明，如果我们向一块云层中射入碘化银微粒，并收集随之产生的降雨，这些雨水若由一个人饮用，那么他所吸收的碘量将会与他在早餐中食用加盐鸡蛋所吸收的碘量相等。而且，我们通常在人工降雨中所采用的催化剂多为干冰（固体二氧化碳）或氯化钾，其中二氧化碳为空气中固有的气体，同时释放入空气中氯化钾（一种盐产品的替代品）的量与从海洋上蒸发所产生盐分的量相比是微不足道的。所以，从整体上来说，人工增雨所释放的催化剂对大气环境及人体健康并没有太大的影响。

问题五：人工增雨会不会影响整个地区的天气状况？

决定一个地区天气状况的最大因素是空气中水蒸气的含量。以南部非洲为例，每天通过它上空的水汽有600万立方米，这其中有5%的水汽会降落地面，在这5%中，又有60%的水汽会通过各种蒸发方式成为空气，因此，空气中只有约2%的水蒸气留在了南部非洲。如果通过人工降雨，南部非洲的降雨量增加25%，那么，实际上空气中也只有约2.5%的水蒸气留下，大气中水蒸气的含量仅发生微小的变化。

综上所述，如果在适宜的条件下采用科学的增雨方法，雨量的增加会在5%～25%之间，而且人工增雨的投入产出比在1∶10

用火箭进行人工增雨

60

以上。所以，人工增雨还是有用武之地的。

　　另外，从人工增雨的发展前景看，它已不仅仅是一项缓解旱情的措施，其服务领域在不断拓宽。目前已经开展了以增加可利用水资源为目的的人工增雨项目，这一方式结合水利设施进行，可以有效地缓解部分地区水资源短缺的状况。人工增雨还可以用于生态环境建设服务，比如目前正在进行的退耕还林、退耕还草，如果结合适量的人工增雨，会有利于植被的快速恢复。

　　进行人工增雨也有一些需要注意的问题。在实施作业之前，要对实施作业地区的气候、天气条件进行必要的观测和分析总结，制订科学的实施方案。作业时气象、航空、通讯等部门要通力合作，配备专业的技术人员，以确保有高效、安全的作业设备。

第 五 章

神奇的雨世界——关于雨的趣闻

第一节　雨和战争

诸葛亮以逸待劳

公元 230 年（魏太和四年，蜀汉建兴八年）秋七月，魏都督曹真、大将军司马懿奉命率大军 40 万攻蜀，经长安奔剑阁，直取汉中。

诸葛亮听到这个消息，遂唤大将张嶷、王平吩咐说："你们先领一千兵去守陈仓古道，以挡魏兵，我随后便提大军来接应。"

诸葛亮画像

张、王二人明知曹军势大，丞相只给一千兵前往，这不是以卵击石吗？诸葛亮见他俩面面相觑，不敢前往，便笑着说出了实情："我叫你们前去，自有道理。

我昨夜仰观天文，见毕星躔于太阴之分，此月内必有大雨淋漓。魏兵虽有 40 万，怎敢轻易深入山险之地？因此不用多军，决不受害。我大军在汉中安居一月，待魏兵撤退的时候，率大军攻击，以逸待劳，即可获胜。"张、王二人这才如梦初醒，领兵前往。

诸葛亮作为军事指挥家，不仅熟知兵书，而且深晓天文地理，他早已摸清了此地的天气变化规律。

待曹真和司马懿来到陈仓城内，不见一间房屋，找人询问，才知道是被诸葛亮放火烧毁。曹真要从陈仓古道进发，司马懿劝道："不可轻进。我夜观天文，见毕星躔于太阴之分，此月内必有大雨。若深入重地，倘有疏忽，退却是很困难的。"这一点，他的见解同诸葛亮一致，看来司马懿并非等闲之辈。

果然，不到半月，天降大雨，淋漓不止，陈仓城外，平地水深三尺。军器尽湿，人不得睡，昼夜不安。大雨连降三十余日，马无草料，死者无数，军士怨声不绝，魏军不战自退。

葫芦谷暴雨救了司马懿的命

公元 234 年，诸葛亮统兵 30 万五出祁山，决心挥师北上，夺取中原。但司马懿深沟高垒，坚守不战，相持数日。诸葛亮见司马懿不肯出战，便密令马岱造成木栅，营中掘下深堑，多积干柴引火之物；周围山上，多用柴草虚搭窝铺，内外皆伏地雷。待布置停当，诸葛亮又派兵将葫芦谷后路塞断，暗藏伏兵于谷中，一心要引得司马懿入葫芦谷内而擒获。随后精心设计，令大将魏延诱敌深入。

等到司马懿大军进入谷内后，才发现草房内尽是干柴，便知有诈，但为时已晚，只听得喊声大震，四面山上忽然一齐丢下火把来，烧断谷口，使魏兵逃奔无路。此时，山上火箭射下，地雷一齐突出，草房内干草都烧着，"刮刮杂杂"，火势冲天。司马懿惊得手足无措，抱二子大哭说："我父子三人皆死于此地矣！"

司马懿画像

谁知正哭之间，忽然狂风大作，黑气漫空，一声霹雳响处，骤雨倾盆。满谷之火，尽皆浇灭：地雷不震，火器无功。诸葛亮见此情景长叹一声说："谋事在人，成事在天。不可强也！"于是后人写诗道：

谷口风狂烈焰飘，何期聚雨降青霄。

武侯妙计若能就，安得山河属晋朝！

1700 多年来，这成了一桩军事疑案，均认为是老天爷助了司马懿。今天，我们从气象学的观点来分析，这场暴雨极有可能是葫芦谷的大火本身引起的。对诸葛亮来说，是一种偶然，而从天气条件分析，却是一种必然。这种不大常见的天气现象，和我们常见的夏天午后的雷阵雨形成过程极其相似，是空气受热对流的结果。

祁山位于渭水一带，现在的陕西省礼泉县以东，葫芦谷是其中的一个山谷。由于该谷两山环抱，地形险要，谷口只容一人一骑通过，故名。

诸葛亮这场火攻，正值盛夏炎热之时，太平洋副热带高压气团控制我国大陆东南部，北方的冷空气控制黄河以北，潮湿的东南季风伸入到内地，而魏、蜀交兵处的渭水一带刚好盛行季风气候，给当地上空带来了较多的水汽。夏天太阳光直射地面，地表增温极快，近地面层空气受热变轻，形成了上冷下热、上重下轻的不稳定状态。特别是在葫芦谷内，气流闭塞，热量不易散发，空气很不稳定，只要外界稍有一定的动力作用，就会导致上层较冷空气下降而产生垂直运动，使冷、暖两大气团摩擦而产生雷阵雨天气。

这种现象并非偶然，有时候森林起火后，也会引起大雨而将火扑灭。在当时的情况下，诸葛亮采用火攻，将布满葫芦谷的干柴一齐点着，猛烈的熊熊大火，使谷内空气骤然受热，腾空而起，冲向高空，四周的冷空气则迅速流入补充，便产生了旺盛的对流，而烟尘又给水汽提供了凝结核，以致在短时间内云层就不断增厚，形成了地方性热雷雨，这才是司马懿父子在危难中逃得性命的根本原因。

关云长水淹七军

看过《三国演义》的人，都熟悉关云长水淹七军的故事。建安二十四年（公元 219 年），蜀将关羽占领了襄阳之后，准备接着攻取樊城。曹操得知消息后，便派于禁和庞德统领七军人马前去解围。双方交战几个回合，各有胜负。一日，关羽到营外巡视，见城北十里山谷之地，屯满了曹军人马。当时正是秋八月天气，阴雨绵绵。关羽巡视了地形后，有了破敌之计。回营后即令部下预备战筏，收拾水具。关平不解，关羽就将秘密告知："于禁七军，不屯于广易之地，而聚于罾口川（罾读音 zēng，一种方形鱼网。罾口川是地名）险隘之处。方今秋雨连绵，襄江之水必然泛涨，吾已差人堰住各处水口，待水发时，乘高就船，樊城、罾口川之兵，皆为鱼鳖矣。"

关云长画像

魏营中也不都是大傻瓜，督将成何就看出了破绽。他见连日秋雨不止，又了解了蜀军兵士动态，十分担心，便及时面告于禁说："倘江水泛涨，我军休矣。"于禁却不以为然，厉斥成何为"匹夫惑军"。成何无奈，只好再去告诉庞德，庞德感到是个问题，准备第二天采取措施。但为时已晚，当晚风雨大作，待要出帐看个究竟，四面八方大水骤至，一片汪洋，七军乱窜，随波逐流者不计其数，平地水深丈余。于禁、庞德各登小山避水，关羽则乘大船而至，将于、庞团团围住，魏兵四面受敌，士兵被射死大半。于禁被擒，庞德不降被斩，魏营七军，全军覆没。

在这场战役中，关羽之所以能够取胜，与他知天时熟地理分不开。他坐镇荆州多年，对长江流域秋雨的变化相当了解。

努尔哈赤靠雨取胜

明代，开原为通往吉林、黑龙江的重要关口，居民众多，是东北各民族经济贸易中心之一。尽管自努尔哈赤起兵以来，明朝不断调兵遣将，加强这一带的防御力量，但努尔哈赤在取得萨尔浒大捷之后，还是把开原选中为战略要地。

努尔哈赤画像

努尔哈赤认为，拿下开原，既可以打通后金与蒙古之间的通道，又可以孤立叶赫，消除进攻辽沈的后顾之忧，还会给明朝统治地区的人们在心理上造成恐慌。经过周密分析，努尔哈赤于万历四十七年六月十日（公历1619年7月21日）亲率大军奔赴开原。

此时，驻守开原的明朝守军总兵马林，认为现在正是雨季汛期，行军作战不便，加之开原城池坚固，易守难攻，后金军不会轻易前来攻击，也就放松了警惕。

自六月十四日起，阴雨连绵，数日不开，河水猛涨，低洼地尽成泽国。后金军将士冒雨行军，十分困难。于是，军事首脑商议：是继续行军，还是打道回府？大部分将领都主张屯留几天，待雨停路干，河水降落后，再走不迟。努尔哈赤强调说：万一有

66

人逃走，走漏风声，报告明军，就会泄露我取开原的意图，前功尽弃。况且，连阴雨天，明军麻痹大意，放松戒备，正是我攻取开原的有利时机，岂可半路而退？于是力排众议，坚持冒雨前进。同时派一小股部队佯攻沈阳，一路上虚张声势，给明军造成错觉。努尔哈赤则亲率大军，于六月十六日以迅雷不及掩耳之势逼近开原城下。

明军官兵闻讯后人心惶惶，加上马林本是萨尔浒之战的败将，早成惊弓之鸟，指挥失去方寸。在金兵奋力攻击下，明军顿失斗志，城内混乱不堪，被金兵打破城门，杀得尸横遍地。守将马林、于化龙、高贞等全部战死，开原失守。

努尔哈赤利用不利天时，出其不意，攻其不备，取得了这场战役的胜利。

拿破仑因暴雨败北

拿破仑（1769～1821）是 19 世纪初叶威震世界的法国著名军事家和政治家。1810 年，他几乎控制了除英国以外的整个欧洲，法兰西帝国的强盛也发展到了顶峰。但是，1812 年的莫斯科战役和 1815 年的滑铁卢战役，却使得拿破仑一败涂地。如果说严寒促使拿破仑在莫斯科战役中败北的话，那么暴雨则是他在滑铁卢战役中受到致命打击的主要原因。

滑铁卢战役是 1815 年 6 月拿破仑同反法联军之间进行的一次大规模会战，战场就在今天的比利时首都布鲁塞尔南边的滑铁卢。由于这场战役，这个名不见经传的小村子也由此而名扬四海。

拿破仑在滑铁卢战役油画

68

6月17日，交战双方摆开阵势，准备第二天决一雌雄。当晚，拿破仑依照地图拟定出了第二天的作战方案：早上6点钟发起进攻，中午结束战斗。然而，恶劣天气突然降临。夜间，风狂雷猛，暴雨如注。将地形冲刷得面目全非、沟壑纵横，泥浆遍地，辎重车的轮子被淹没了一半，马肚带上都沾满了泥浆。18日早上8点，依然细雨霏霏，没有晴天的征兆。

拿破仑的总攻计划不得不推迟到上午11点半。暴雨造成的湿地和泥浆，给法军带来了极大困难。步兵难以前进，炮兵则费力地拉起陷在烂泥中的大炮，非常艰难地向着居高临下的联军发起进攻。然而，还没有与联军接触，就已经累得人困马乏了。尽管拿破仑意志顽强，指挥镇定，法军也越战越勇，并且突破了联军的防线，但暴雨致使总攻时间推迟的不利局面却是无法弥补的。在决战的紧要关头，仍因道路泥泞，援军未能及时赶到；而联军的普鲁士援兵却迅速赶到了战场。前后夹击，致使战局急转直下，拿破仑一败涂地，抱恨终身。

对于拿破仑在这次战役中惨败的原因，法国著名文学家维克多·雨果在他的《悲惨世界·滑铁卢》中作了揭示："1815 年 6 月 17 日的那天晚上，多几滴雨或少几滴雨，对于拿破仑成了胜败存亡的关键。"

可见，在某种情况下，降雨的多少，对战争的胜负的确有着重要的作用。

三元里抗英暴雨助战

1840 年 6 月，英国政府对中国发动了鸦片战争。1841 年 5 月侵占了广州后，英军官兵在城外杀人放火，抢劫财物，奸淫妇女，无恶不作。

29 日天刚亮，一伙英军像饿狼一样窜到广州城北郊三元里一带行凶作恶，激起了当地农民的无比愤慨。在菜农韦绍光的组织下，三元里群众组成"平英团"，奋起反抗，英军丢了几条性命，余下的仓皇而逃。

韦绍光知道敌人不会善罢甘休，便派人联络附近乡民和手工业工人共同战斗，决定利用牛栏冈的有利地形，把盘踞在四方炮台的敌人引到那里进行歼灭。

5 月 30 日清晨，5000 多平英团战士手持大刀、长矛、锄头、棍棒一齐向英军侵占的四方炮台冲杀。平英团佯装不敌，且战且退，把卧乌古率领的 1000 多名英兵引向牛栏冈。牛栏冈周围丘陵起伏，道路难行，敌人只能单排行走，大炮、弹药成了累赘。这样一来，英军和平英团的距离便越拉越远。等追到牛栏冈，平英团的人一个都找不见了。卧乌古知道中计，就慌忙下令撤退。此时，埋伏在周围的数千名群众突然从四面八方冲来，英军便用洋枪洋炮还击。平英团的大刀长矛怎能同洋枪洋炮比，几个回合下来，英军渐渐占了上风。正在危急时刻，忽然天空乌云翻滚，电闪雷鸣，倾盆大雨自天而降。这场大雨，将英军的弹药全部淋湿，枪支无法发挥作用，英官兵在突如其来的大雨面前被打懵了，一个个魂飞魄散，在泥泞的田野里逃窜。雨越下越大，到处白茫茫一片，英兵地势不熟，辨不清东南西北、水沟稻田，死的死，伤的伤，余下的乖乖当了俘虏。

李先念雨夜歼顽敌

1932 年，我红四方面军在总指挥徐向前的率领下，进入四川省东北部地区，在通江、达县一带建立起了革命根据地。而当年年底，军阀刘湘便统率当地白匪军，疯狂地向我新建根据地发起了 6 路"围剿"。刘湘的干儿子、少将旅长郝跃庭年少气盛，仗着是刘湘的嫡系，武器装备精良，刚愎自用，好大喜功，抢先占据了宣汉要冲罗大弯。

面对险恶的军事形势，红四方面军首长经过细致分析、研究后，决定出其不意，将冒进的郝跃庭吃掉，给白匪军一个狠狠的打击。

任务交给了红 30 军政委李先念。李政委立即派出侦察员深入敌后，经多次侦察，摸清了敌人的兵力部署。

这天是 1933 年 2 月 10 日，农历的正月十六。

华西天气不可捉摸，刮了一天冷风，入夜，竟然下起了大雨。李政委心里一阵轻松：真是天助我也。他冒雨对部队进行战前动员，号召大家利用恶劣天气条件，出其不意地消灭敌人。战士们斗志昂扬，一个师的兵力在李政委带领下，趁着雨夜急行军。他们冒着大雨和刺骨的寒风，摸黑攀爬悬崖绝壁，翻山越岭，穿插前进。

这天夜里，敌军以为刚刚过了元宵节，又逢大风大雨天气，不可能会发生什么意外，前半夜喝酒打牌，后半夜便躲在营房里酣睡，连外围的岗哨也放松了警惕。

此时，红军战士在哗哗雨声的遮掩下，悄悄靠近了敌人的营区，神兵天降般发起了袭击。在风雨和枪弹声中，白匪军从睡梦中惊醒，乱作一团。双方激战到第二天拂晓，大雨仍然没停。红军以极小的代价，不但将敌少将旅长郝跃庭击毙，而且还将3000余白匪军精锐全部歼灭，缴获了一大批武器弹药，为粉碎刘湘的6路"围剿"打下了基础。

第二节　雨丝传奇

"报时雨"

生活中不能没有时间。时间对于地球上的每个人，可谓息息相关。生活在农村的广大农民，使用钟表也才是近些年的事。过去老百姓计时，只能根据太阳、月亮东升西落的程度粗略地估算，遇到阴天下雨或无月亮的夜间，计时便无从谈起。

然而，在南美洲巴西一个叫巴拉的城市，计时就省事多了。那里有个很有趣的现象：不但每天都要下几场雨，而且这几场雨下得还非常守时。所以当地居民计算时间，既不用钟表，也不靠太阳，只要知道第几场雨就行了。如约定见面时间，不是说上午几点钟或下午几点钟，而是说上午第几次雨后或下午第几次雨前。

这是什么原因呢？

原来巴拉靠近赤道，太阳辐射强，天气很少有什么变化。即使在一天之内，天气变化也都很有规律。就拿雅加达来说吧，每天清晨总是阳光灿烂，晴空万里。而一到中午 12 点左右，便浓云如墨，闷热异常。到了下午两三点，雷声隆隆，大雨倾盆。四五点钟后，雨过天晴，凉风送爽。而到了夜晚，天空和地面间的空气对流运动大为减弱，云层消散，碧空如洗，闪闪烁烁的星斗缀满夜空。热带城市的天气，就是这样有规律地变化着，难怪有人把这些地方的雨叫做"报时雨"了。

无独有偶，在印度尼西亚爪哇岛的土隆加贡地区，每天都有两场准时降临的大雨，一次是下午 3 点左右，另一次则在下午 5 点 30 分左右。当地小学下午上下学都不用时钟报时，而是把两次下雨时间作为上课和放学的时间。

还有一处降雨奇特的地方在美国宾夕法尼亚洲的韦恩思堡，每年 7 月 29 日都会下雨，从不失约。即使前一天是万里无云，烈日当空，可一到这天，雨水就会从天而降。所以，当地人就把

7月29日确定为"降雨日"。

碧罗山"枪击雨"

云南有座碧罗山，碧罗山有个子里湖。1978年6月的一天，这里发生了一件奇怪的事。

上午11时许，中国科学院昆明动物研究所一行十几个人，正在这里进行野外考察，采集标本。骄阳似火，晴空万里，尽管是低纬高原，热浪仍然蒸得人汗流浃背。临近中午，科考队员们收拾好行装，准备回宿营地吃午饭。

忽然，丛林中跑出一个黄羊似的小动物，一蹦一跳，时隐时现，灵活异常。

"梅花鹿。"有人喊。

"不，是麂子。"有人更正。

因为距离太远，看不真切，几个人争论不休。

"砰!"有人开了一枪。枪法很准，小动物应声倒地。

"打中了! 打中了!"科考队员们忘记了饥饿和疲乏，一时精神大振。几个心急的年轻人已经冲下山坡，向倒地的小动物奔去。

没错，是麂子。

当他们扛着麂子往山坡上走去时，突然之间，刚刚还是好端端的天气，顷刻间大雾弥漫，把天地裹得咫尺不辨。紧接着狂风呼啸，暴雨劈面泼来。"坏了，坏了。"大家一边喊，一边急急忙忙向宿营地跑。结果忙中出错，全都迷了路。直到午后4点多，一个个才像落汤鸡一样，陆续找到了驻地。

无独有偶。

半个月后，他们第二次登上碧罗山，这一次换在维马湖畔宿营。天黑前，他们为了采集鱼类标本，便用炸药在湖里炸鱼。

"轰！轰！"几声爆炸过后，竟然又像上次那样，招来了狂风暴雨。好在这次他们都在宿营地，未受雨淋之苦。

又过了半个月，他们选择了一个晴朗少云的天气，再次来到碧罗山，宿营在提巴比石湖边，幸运的是，他们又一次遇见了麂子。糟糕的是，连打了几枪都没有击中。不幸的是，他们再次遭到了狂风暴雨的袭击。没办法，只得提前返回了宿营地。

事不过三。三次因枪击或爆炸引来的暴雨，使他们百思不得其解。幸好他们都是唯物主义者，不然，该是何等的恐惧和不安呢。

74

碧罗山风光

原来，碧罗山海拔 3500～4600 米，山上有大小不等的湖泊几十个。这里四季界限不明显，只有干季和湿季之分，每年 11 月至来年 4 月或 5 月为干季；4 月或 5 月至当年 11 月为湿季。以上 3 次枪击或爆炸引来的大雾、大风或大雨的事，全是在湿季发生的。据当地人介绍，在干季，即使枪声震天，也招不来大风和暴雨。

科学家对这些能够"呼风唤雨"的湖泊进行了研究，认为这种现象与当地的地形和特殊气候条件有关。湖区湿季里高温高湿，但湖水却源自山顶雪水，温度极低，从而在湖面上保持了一个低温层。由于这些湖泊处于山谷洼地，平时很少有风的扰动，使湖面的低温层与上空的高温高湿空气层能保持极不稳定的平衡，一旦有外界的声浪冲击，就会导致上、下空气层的剧烈对流，造成猛烈的狂风。湿度大的空气遇到冷空气又迅速凝结成水滴，于是便产生了大雨。

这种解释并非没有道理。第二次世界大战时就曾发生过这样一件事：在一座地形复杂的山区，两军正在进行恶战前的苦苦等待。此时，天上浓云翻滚，地上热浪袭人。为了争取主动，一方指挥官果断下令吹响了冲锋号。一瞬间枪声大作，炮声隆隆。眼看着就要进入白刃肉搏了，猛然间狂风大作，电闪雷鸣，紧接着倾盆大雨自天而降，密密的雨线像鞭子一样，打得人睁不开眼睛。加之山洪暴发，湍急的水流哗哗顺山谷冲下来。作战双方不得不草草收兵。一场你死我活的激战，就这样被风雨平息了。

"喊雨"

川西是个迷人的地方，这里有许多奇特的自然景观，其中雪宝顶和海子山的"喊雨",绝对会令你大饱眼福。

1982 年 6 月,一支综合科学考察小队在海拔 5580 米的雪宝顶下的一个古冰坎上,迎来了川西高原上难忘的早晨。

蓝蓝的天空,飘着几朵淡淡的红云,在微风的吹动下,变得无比的轻柔。科考队员们一个个走出帐篷,拼命呼吸着高原清新的空气。一道美丽的风景,使他们睁大了眼睛:前方的雪宝顶,从上到下白雪皑皑,银装素裹。啊,好罕见的 6 月雪!

"哎嗨!"一名队员喊起来。

雪宝顶

"哎嗨!哎嗨!……"大家一齐喊起来。雪宝顶回荡着他们激动的喊声。

就在这时,他们眼睁睁看见,从雪宝顶上突然滚下来大团大团的浓雾,刹那间,营地笼罩在浓浓的雾霭中,紧接着,寒风呼啸,天昏地暗,少顷,风势减小,从空中飞舞起无数洁白的小雪花。这种现象仅仅维持了几分钟,飞舞的雪花稀疏了,降下了米粒大小的冰粒，"劈劈啪啪"敲打着帐篷，在小草尖上跳跃。几分钟后，又变成了大颗大颗的雨滴降下来。整个过程持续了57分钟，又是一阵狂风，风过，雨停，雾散，太阳才露出了笑脸。

如果说这次碰到的奇特现象有点偶然的话，那么，阿坝藏族自治州小金县海子山上的"喊雨"，却绝对能使你心悦诚服。

每年的7月和8月，正是内地热浪袭人的盛夏季节，然而位于夹金山下的小金县，却刚从萧瑟的寒冬中走出来。大地复苏，漫山遍野鲜花怒放，一派明媚的早春景象。

海子山地势起伏，一个个清澈明净的"海子"（即高山湖泊）倒映着蓝天白云、冰山雪峰，如同一幅幅壮丽的画卷。这里温差悬殊，天气变化奇妙多端：刚才还是艳阳高照，转瞬间便阴云密布，山林灰暗，似暴雨即将来临，令游人惊恐不安。但当地牧民会平静地告诉你：不用怕，这是"喊雨"天气，没人喊叫，雨是不会降下来的。如果你想试试"呼风唤雨"的神威，只需对着低空高声呐喊，雨滴便会降下来。更为有趣的是，只要喊声一停，雨滴很快便无影无踪，云开雾散，又是一片艳阳天。

这种现象究竟是怎么回事呢？

原来在上述地方，空气中的水汽充足，经常处于饱和状态，可谓一触即发，只要有一点小小的振动，便会破坏它的层结结构。由于声音是由物体振动而产生的声波，这种波通过空气传播，必然引起空气的振动。当空气中的饱和水汽分子受到声波的振动后，很快聚集起来，相互碰撞，造成连锁反应，便形成局部下雨。

实验表明，凡空气中水汽饱和，地势较为封闭，而且空气流动不畅的地方，都会出现这种有趣的自然现象。碧罗山的"枪击雨"，同这里介绍的情况有异曲同工之妙。

西双版纳"水平雨"

众所周知，雨是从天上的云中降下来的。然而，大千世界，无奇不有，有一种雨竟然是水平降落的。不过，这种特殊的雨只有在一个特殊的地方才会发生，这个特殊的地方就是著名的西双版纳。

西双版纳在北回归线以南，一年中太阳两次直射地面。加之它地处低纬高原，北有哀牢山、无量山做屏障，便具有了大陆性气候兼海洋性气候交错影响的特点，冬天不冷，夏天不热，被誉为"没有冬天的乐土"。得天独厚的气候条件，使西双版纳具有了多种不同的生物气候环境，形成了特有的植物和动物群落。如果把云南省称为"植物王国"或"动物王国"的话，那么，西双版纳就是"生物王国皇冠上的璀璨的绿宝石"。

西双版纳有森林113.7万公顷。热带原始森林是复层林，有5～7层自然群落。高大挺拔的望天树雄踞于雨林的最上层，其他乔木和灌木生长在其腋下，组成了一座巍峨的多层森林大厦。在乔木的下面，又生长着许多幼树和低矮的灌木。灌木下面则是趴在地上的各种花草、苔藓和菌类。由于森林覆盖率大，这里自然降水丰沛，水汽非常充足，空气极为潮湿，加之温度昼夜变化大，因而常常于夜间形成浓雾和露水。如果你到林区旅游，走在林雾中，便会感到烟雨扑面。夜晚，植物的叶面被撒上一层水

78

膜，清晨时水珠便从叶尖嘀嘀嗒嗒地落到地面上。这种由近地层空气中的水汽凝结而成的雨，就叫"水平雨"。

西双版纳热带雨林

"水平雨"对植物的水分补偿非常有益。20 世纪 30 年代以前，这里的森林覆盖率达 60%，那时候"水平雨"很大，景洪一带仅飞露一项，年降水量就达 70 毫米以上，比我国西北许多地区全年的降水量还要大。景洪的露日数平均每年有 142 天，多露年份甚至多达 300 天以上，差不多天天有露。雾日数也比较多，每年为 160 ~ 170 天。

近年来由于对原始森林乱砍滥伐，该地区森林覆盖率急剧下降，目前仅为 25% 左右，因而"水平雨"也大为减少。如果再不采取措施，西双版纳这绝无仅有的"水平雨"奇观，恐怕就要与我们说再见了。

晴天怪雨

这是一则气象奇闻。

1991 年 10 月 28 日至 11 月 5 日，湖北省长阳土家族自治县县城以西，仙女断层与清江交叉处的都镇湾宝塔办事处以北百米处的公路上，1 平方米的地方，晴天下雨，时大时小，且一天到晚不停，连下了近 10 天：雨小时，雨滴细微，有雾状感觉。雨大时，雨滴有小绿豆大。这段时间，当地都为晴空无云天气。雨从松树上面的空中下降，落地可使路面变湿。

此现象最先由裁缝刘光平发现，开始他还以为是附近宝塔中学学生提水漏水而成，后亲感有雨落下，才赶紧告诉了办事处及周围群众。

晴空下雨，并且只落 1 米地面，数日不息，这种事古今罕见。于是，参观者络绎不绝。

为澄清此事，都镇湾镇政府和派出所多次派专人到现场察看。经宝塔办事处党支部书记梅红明、副书记刘希华等证实，该现象千真万确。长阳县保险公司都镇湾镇保险员周贤跃告诉大家，他家就在落雨点附近。开始听说时，根本不相信。当赶到现场后，还一直怀疑是夜蒿树上的虫子拉的尿。于是几个人用绳子将夜蒿树拉开，发现天上仍有雨继续降落，这才排除了虫子拉尿的嫌疑。周贤跃又爬到松树顶上观看，发现雨是从晴空落下来的。

经相关专家初步认定，这种现象是在特定的地理、地质及天气条件下产生的一种自然现象。

80

因当地伏秋连续大旱，温度高，湿度小，地表断层裂缝增大，形成"狭管"，地下水通过"狭管"上升到地面，在外力及本身的热力作用下，以雾的形式喷了出来。上升到一定高度后，雾凝结加重，静风时便垂直降落，逐渐浸湿地面。气温较低时可见上升的雾雨，与下降的雨混在一起，就出现了"雾柱拔地而起"的现象。凡具有类似地质条件和天气条件的地方，一般都会有"怪雨"产生。该县的《县志》上就有"天越干，雨越大"的记载。

地震专家说，当年 4 月 17 日这里曾发生 4.1 级地震，在震中区产生了"地表形变"现象，而地震中心正好与落雨点重合。按地震释放的能量推算，在地壳深处 16 千米处，有约 1 千米的断层错位，可能使地下溶洞和深潭打通，使大量水在这一带贮存。受"直立断层"影响，地下水通过"狭管"上升到地面，于是便发生了这一自然奇观。

罕见冬雨

1987 年 12 月 22 日，正是北国天山滴水成冰的隆冬季节。下午 4 时许，边城乌鲁木齐的上空，突然下起了一场神秘的冬雨，降水量达 5 毫米左右。

生活在边城的人，不但年轻的居民惊讶，就连百岁老人也迷惑不解。更加奇怪的是，这反常的怪雨，不但没能消融地面上原有的积雪，反而在积雪的基础上，给整个乌鲁木齐市浇灌了一层光滑的冰。

在银装素裹的马路上，一些来不及套上防滑链的汽车，像醉汉一样，不是四轮朝天翻倒在地，就是神魂不定地撞向路边的栏杆或行道树，公共汽车几乎全部瘫痪。街上行人，寥若晨星，有冒险上街的，也是手拉着手，互相搀扶着，像初上滑冰场的人那样小心翼翼。

当地气象专家介绍：乌鲁木齐的雨季，一般从 3 月中旬开始到 10 月下旬结束，12 月下旬降雨非常罕见，这是边城气象史上的一个谜。

吐鲁番"魔鬼雨"

地域广阔的新疆维吾尔自治区，不仅有丰富的物产和独特的民族风情，更有许多奇异景观，如风光绮丽的天池和闻名遐迩的魔鬼城。你可曾知道，在绿洲吐鲁番地区，还有一种让人称奇的"魔鬼雨"呢！

通常的雨，都是天上有云见雨，或是地上有雨见湿。而吐鲁番的雨可就奇怪了，虽然天上浓云翻滚，间有电闪雷鸣，空中也能见到闪亮的雨丝，可地面上却仍然尘土飞扬，滴雨不见。但你要是举手在空中左右晃动，却能实实在在触摸到雨丝，感觉到凉意，十分怪异。于是，这里的人便称这种现象为"魔鬼雨"。当地少数迷信鬼神的人，每遇到"魔鬼雨"都十分惊慌，他们说老天爷降的雨，都被看不见身形的魔鬼给吸走了。于是，便有许许多多离奇的故事在民间流传。

其实，吐鲁番的"魔鬼雨"根本不是什么魔鬼造成的，而是在一定的特殊气象条件下发生的一种特殊的天气现象。我们知道，吐鲁番地区气候干燥，暑热季节气温最高可达 47.5℃，地表

82

面的温度更高，能达到或超过 70℃。吐鲁番地区全年的降水量只有 16 毫米左右，而蒸发能力竟达 3000 多毫米，是降水量的 200 多倍。如此干热的地表，生鸡蛋也能烤熟。而雨滴的蒸发量同空气湿度、云底高度和雨滴大小有关，如果云底较高，云下的空气干燥，云中产生的雨滴又比较小时，雨滴落出云底之后，还不到地面就在云下不饱和空气中被蒸发掉了。

其实，这种"魔鬼雨"就是气象学中常说的"雨幡"。"雨幡"在我国北方多处地方均有发生，只是没有吐鲁番地区常见罢了。

不过，北方地区发生的"雨幡"，一般高悬空中，人是摸不到的，而吐鲁番的"雨幡"人却可以用手触摸到，并感到凉意，这倒是比较奇特的。可能是下降的雨滴比较大，以致到快接近地面时，才完全被蒸发所致。

第三节 奇雨拾零

青蛙雨

青蛙雨事情发生在河南桐柏县彭庄村，时间是 1983 年 5 月 11 日。那天 14 时左右，忙活了大半天的农民有的正在吃午饭，有的刚刚放下碗，躺到炕上准备歇晌，奇迹发生了：刚刚还是蓝天丽日，清风白云，谁知忽然间便翻了脸，刮起了七八级大风，继而天昏地暗，雷雨交加。令人惊惧的事情发生了：从浓黑的云层里，竟落下无数只黑褐色的小青蛙，最稠密的地方每平方米足有上百只。10多分钟后，风停雨止，小青蛙们欢蹦乱跳，争相跃入附近的池塘和水沟。

青蛙雨

84

其实，天上下青蛙雨的现象并非偶然，查阅资料，世界各地有不少地方都发生过。1830年9月底，法国里昂城曾下过青蛙雨。1841年7月14日，英国也下过青蛙雨。1846年，一艘航船驶进英吉利海峡，一阵风雨过后，人们惊奇地发现，甲板上居然落了无数只青蛙。1939年8月2日，加拿大的安大略亚历山大等地，也下了一场青蛙雨。1954年7月12日，英国伯明翰城内遍地是随雨落下的小青蛙，最多处每平方米有100余只。1960年3月1日下午，法国南部地中海沿岸的土伦布地区，随着乌云翻滚，惊天霹雳，无数只青蛙从灰暗的雨幕中降至地面，并呱呱乱叫，四散奔逃。伦敦在1998年也曾遭遇相同的青蛙雨。而距离现在最近的一次青蛙雨出现在2005年的塞尔维亚。

鱼雨

1981 年 8 月某天夜里，河南林县南部距县城十几千米的小店乡盘峪村等地，也下过一场奇雨，不过不是青蛙而是小鱼。天明后，村周围山坡上到处都发现有鱼，有人拣到几十条。

据资料记载，世界各地鱼雨现象比较普遍。

1834 年 5 月 16 日，印度一次猛烈的风暴过后，在一个村庄里发现满地是鱼，有人粗略地估算了一下，足有三四千条。

1859 年 2 月 9 日 11 时许，英国格拉摩根郡下了一场大雨，雨中夹带着许多小鱼。

1861 年 6 月 22 日，新加坡下了一场鱼雨，当时一位法国科学家目睹了这一奇观。事后他描述说：我住在一个四周由石墙围起来的住宅里，一场暴风雨接连下了三天。第四天太阳露面后，我惊奇地发现，许多马来亚人和华人正在我住宅区一个水池里捡鱼。我问："这么多鱼是从哪里来的？"他们回答说："是老天爷送来的。"一位马来亚人还说："这种鱼雨我已见过多次了。"

1879 年，美国萨克拉门托城的奥迪菲罗基地，降落过几次鲱鱼雨。

1907 年底，瑞士下了一场鱼雨，时间长达 1 小时之久。当地人把捡到的鱼称了一下，足足有十几吨重。

1927 年 6 月，离莫斯科不远的谢尔普霍夫村附近，一场怪雨之后，小孩们捡到了好几筐鱼。

1945 年，在驻缅甸的英国军队中服役的英国记者罗纳萨班斯尔，有一天在缅甸至巴基斯坦边境的库米拉附近观看了一场沙丁鱼雨。

1949年夏天，在新西兰沿海地区，一阵强风过后，翻滚的乌云携带着暴雨扑面而来，许许多多的小鱼随雨自天而降，落地后尚且活蹦乱跳。

1949年10月23日7~8时，美国路易斯安那州马克斯维也下过一次鱼雨，生物学家巴伊科夫还亲自收集了一大瓶标本。

英国大雅茅斯天降鱼雨

2002年，英国大雅茅斯迎来一场鱼雨，大量小银鱼从天而降，虽然都已死亡，但仍然很新鲜。

泥鳅雨

1984年8月6日下午，距逊克县20多千米的干汊子区东升村下了一场泥鳅雨。据悉，此地从当日14时起开始下雨，1小时后雨和风力加大，紧接着下起冰雹和泥鳅来。雨停后，路上和场院里到处都是活蹦乱跳的泥鳅，小孩们纷纷用脸盆装，满村的鹅鸭也都跑出来争食。

1992 年 7 月 20 日 10 时左右，辽宁营口县黄土岭乡大木峪村降了一场泥鳅雨，泥鳅大小有 10 ~ 20 厘米长，总量估计有 150 千克重。

虾雨

19 世纪初，丹麦的一次虾雨，足足下了 20 分钟。大雨过后，地上铺满了活虾。

海蜇雨

1843 年夏季，澳大利亚一个村庄，大雨中忽然从天上降下一批海蜇。1933 年，在离太平洋海岸 50 千米的苏联卡伐利罗伏村的村民们也享受到了老天爷"布施"的海蜇雨。

螃蟹雨

1881 年，英国伍斯特城在一次雷阵雨中，从天上降落下无数只螃蟹。

蛇雨

1877 年，美国肯德基州的一次大雨中，随雨降下了成千上万条长 12 ~ 18 英寸的小蛇。

鸭雨

1990 年夏季的 7 月 29 日 15 时许，湖南益阳地区的南县沙岗乡八一村，在一场狂风暴雨中，从天上落下来 170 多只鸭子。这些鸭子有的落地后乱滚几下，竟站起来抖抖翅膀呱呱鸣叫；有的随着强风暴雨扑打在房屋的墙壁上，因风力的顶托，五六分钟后才滚落到地上。原来，这是由于当天下午在大通湖湖面形成的龙卷风登陆，袭击了靠湖畔的沙港等 3 个乡，而正在湖汊港圳中牧放鸭子的村民吴克郁，还未来得及把鸭群驱赶回港，就遭到了龙卷风的袭击，致使 100 多只鸭子被卷上天空，从而形成了这场罕见的鸭雨。

麻雀雨

1962 年，湖南安化县梅城镇竟落了一场麻雀雨，几万只麻雀从空中降落下来，人们在城内一所中学的操场上居然拾到了 6 箩筐。

谷雨

我国东汉建武三十一年（公元 55 年）元月，陈留郡（今河南开封）忽然暴雨倾盆，雨中携带有大量黑色的谷子，形成了罕见的"谷雨"。不少人对天跪拜，感谢老天爷的恩赐。事后统治者为了显示自己的圣明，大肆宣扬说这是"上天降瑞于大汉"。

麦雨

1840 年的一天，在欧洲西南伊比利亚半岛的西班牙海岸上，突然乌云遮日，炸雷轰顶，在闪光中依稀看到雨中伴随着颗粒样的东西，原是小麦和雨一齐从天上倒下来。事后得知，这是北非摩洛哥的一个小麦仓库被龙卷风摧毁，龙卷风挟带小麦飞越直布罗陀海峡，到达西班牙沿海一带降落所致。

黑豆雨

1971 年 1 月 28 日晚，江苏阜宁、盐城、射阳等县，同时下了一场大面积的黑豆雨。不用说，这肯定是龙卷风的"杰作"。

不知在哪里恶作剧似的袭击了储藏黑豆的粮仓，又变戏法一样，将其降落到阜阳等地所致。

"红豆"雨

1989年1月8日11～12时，浙江瑞安市西北部的瑶庄乡，骤降了一场罕见的"红豆"雨。据当地农民报告，该雨持续时间长，雨点密，仔细观察，原来是一种形似红豆的植物的果实。

种子雨

1977年2月12日，在英国索斯安普敦城郊区下了一场种子雨，一个名叫罗兰德·穆迪的先生家的屋顶上、花园里铺满了厚厚的一层芥子种，收集起来足有4千克多。第二天，那里又下了一场瓶塞、麦粒和菜豆雨，穆迪先生的邻居被这突如其来的怪雨吓呆了，他慌忙给警察局挂电话，警察离讯起来，见了也十分惊讶。谁也说不清究竟是怎么一回事。

1977年3月13日，英国布里斯托尔城下了一场榛子雨。使人疑惑不解的是，榛子的收获季节是在9～10月份，而且该城没有一棵榛子树，这新鲜香甜的榛子是从哪里来的呢？据目击者说："那天天空晴朗，万里无云。起初，我们还以为哪位调皮的小孩从大楼顶上向下扔榛子，后来才看清那榛子确实是从天上掉下来的。"

据说，1967年，英国都柏林城也下过一场榛子雨。那次榛子雨倾盆而下，力量很大，犹如子弹射出枪膛，街上正巡逻的警察，虽然头戴钢盔，也被榛子打得晕头晕脑，急忙寻找躲避的地方。

银币雨

1940年6月17日下午，天气异常闷热。在苏联高尔基省的巴甫洛夫区米西里村，突然一声霹雳，在蓝色的闪光中，一串串金光闪闪的古钱币从天地相连的雨幕中降落下来，屋顶被古钱砸得叮当作响。雨后人们拾起来一看，原是16世纪末期俄国伊凡五世的银币，仅当地博物馆就收到人们送来的银币数千枚。同年，在高尔基省某地还下了一场夹带有大量古老铜钱的铜钱雨。

纸币雨

1985年5月2日，乌拉圭的梅里谢杰斯城的居民在天亮后大吃一惊：城里的中央大街上铺满了比索。原来破晓时下了一场雨，随雨降下了满地的纸币。当地警察证实，钱是一位城市居民的。他把钱藏在自家房子的阁楼上，谁知祸从天降，飓风（台风）袭击了他家的房顶，将小阁楼卷到空中，于是便发生了天降纸币的稀罕事。

颗粒雨

2000年初夏，重庆涪陵区南沱镇降了一场颗粒雨，雨滴大如豌豆，不少合在一起，颜色发黄，用手摸比较软且黏。降雨持续了10分钟左右，范围有3平方千米。怪雨出现后，涪陵区气象局迅速组织有关专家学者到实地调查，认为这是空气中的尘埃因气温过高而发生化学反应，形成的一种新物质；或者由于风的作用，将地面的黏性物质卷到空中，因悬浮力承受不了而降落到地面；还有人认为，这种现象与环境严重污染有直接关系。

药丸雨

据广东地方志记载，清光绪戊寅年（1878 年）三月初九中午，广东西樵山一带随雨降下了许多中成药药丸。

"血雨"

1043 年和 1334 年，山东、河南等地曾下过"血雨"，雨的颜色似血一般红。

1608 年，法国某小城下过一场"血雨"，雨的颜色呈暗红色，酷似血染过一般，全城笼罩在"腥风血雨"的恐怖中。雨后，地上仍然"鲜血"淋漓。后来才弄清楚，那是大西洋的气流涡旋从北非沙漠地带把红色的尘土卷到空中，气流移动到法国的上空降落下来形成的。

1813 年，意大利的费城也曾下过一场"血雨"，当时有人这样描述：居民们看见了从大海那边飘来了浓密的乌云，乌云开始是浅红色的，后来变成了火红色，整个天空仿佛像一块儿烧红了的烙铁。随着"隆隆"的雷声，大颗粒的微红色雨滴便从云中降落下来。事后调查，原来是一场龙卷风将附近铁矿山上的红色铁矿粉（氧化铁）卷到空中，空气里的水汽以这些铁矿粉作为凝结核，凝结成雨滴降落到地上形成的。

1983 年 6 月 6 日，云南绿春县也曾下过两次血红色的阵雨，雨到之处，一片"血"迹斑斑。其实，那是龙卷风将附近的红土卷到空中所致。

另外，在西班牙和土耳其等地也都下过类似的"血雨"。

黑雨

1862 年，美国阿伯地区一场黑雨之后，到处像墨染过一样，黑乎乎一片。1979 年初，我国广西的马山、上林、桂平等地下了一阵怪雨，雨点发黑，将大地和房顶染成了黑颜色。

在相隔不久的 1979 年 3 月 15 日晚上，湖南长沙县的黄花地区、凤凰县的腊尔山地区和贵州松桃县的瓦窑等地也降过一场黑雨，雨水将大地和屋顶染成了棕黑色，让当地居民惊讶不已。其中湖南凤凰县的黑雨样品经过光谱定性分析后，发现含有铝、锰、锡、铜、锌等金属元素。

1986 年 4 月 24 日中午，伊朗首都德黑兰降了一场黑雨。这天早晨，德黑兰上空阴云密布，各居民区都开了电灯。中午，忽然下起了大雨，因为雨水呈黑颜色，在雨中行走的人，衣服上布满了黑色的斑点和条纹。化学试验后发现，雨中含有大量的硫磺和磷。气象专家认为，这种雨形成的原因可能是几天前在德黑兰南部发生的一场大火造成的，因为那场大火在空中造成了大量的浮尘。

1987 年 2 月 24 日 21 时许，广州稔岗一带天降黑雨，前后下了半个小时，道路、房屋犹如墨染，黑雨飘进打开了门窗的房屋，油腻而带黏性。

1989 年 1 月 16 日，肯尼亚西部地区连降大雨数日，雨水呈黑色。目击者说，那几天偶尔露面的太阳，周围有一圈罕见的橘黄色光环。

据现代气象学家分析，这种黑雨也是龙卷风捣的鬼。很可能是龙卷风把附近的煤粉尘或大片烧山的黑灰卷到云中，随雨降落到地面形成的。

黄雨

1962 年 3 月上旬，保加利亚卡尔兹哈利城下了 6 个小时的黄雨，地面上盖满了薄薄的一层细小的黄沙。

1963 年 6 月，我国东北小兴安岭一带降过一场黄雨。

1975 年 5 月 21 日，辽宁东沟县降了一场黄雨，事后考察，这是随风飞扬在空中的槐树花花粉和少量的油菜花花粉被雨水冲洗下来之故。

1986 年 3 月 17 日和 24 日，福建漳州市、诏安县、云霄县、平和县和龙海县等地，出现了两次黄雨，雨后，路面上淤积了一层黄色粉末状物质，经分析鉴定确认，原来是松树的花粉。由于当时气温较低，高空又有逆温层，使花粉悬浮在逆温层下，随小雨缓缓降落到了地面。

蓝雨

1954 年，美国达文波特城的居民被一场天蓝色的夜雨惊得目瞪口呆。这种蓝雨是由吹入空中的白杨和榆树的尚未成熟的花粉将雨滴"漂染"而形成的。当然，这种现象是极其罕见的，能够把无色的雨水"漂染"成蓝颜色，这得多少白杨和榆树的花粉啊！

彩色雨

印度西孟加拉邦的一个村庄 2002 年 6 月份频下怪雨，颜色呈现绿色或黄色。彩色雨从 6 月 7 日开始降落，一连下了 4 天。

当地有关机构对这种现象调查后说，可能是村子周围一些砖窑使用的化学物质和燃料造成了雨水污染。彩色雨还给村民造成了恐慌，他们认为这是天神被触怒的表现，于是纷纷到神庙进行祷告。但专家指出，该村正为他们污染环境的行为付出代价，村子周围的池塘和河流已经被大大小小的砖窑严重污染了。

珍珠雨

在印度中部的马拉杜地区的比尤里村，每当下雨时，人们总能在地上拾到许多大小不等、颜色不一样的珍珠。奇怪的是，这些彩色的珠子上，有着刚好能让人用线穿过的细洞。当地的村民将它串成项链，挂在颈上，它们称这些珠子为"所罗门王珠"。这些珠子究竟是从什么地方掉下来的呢？虽然有人做过调查研究，但没有结果，"珠雨"至今仍是个谜。

闪光雨

在众多怪雨中，要算闪光雨最为奇特。1892 年，在西班牙的科尔多瓦城降下了一场令人惊奇的闪光雨。那闪光的雨点从天空中落下，宛如千万条明亮的光线，划破了宁静漆黑的夜空，落在房屋上，行人的身上、地上，溅起耀眼的火花，可惜这一奇异的现象只持续了数秒钟，便消失在茫茫的夜幕之中。

"火"雨

1968 年 5 月 30 日晚上，德国格里夫堡城的居民亲眼目睹了天老爷施给人们一场"火"雨。在下"火"雨的几秒钟里人们都觉得被火包围了，周围一点空气也没有，窒息得使人透不过气来，十分难受。

天降巨冰

1981 年的一天，西班牙拉加省阿洛拉市附近的农民正在田里干活，忽然听见刺耳的尖啸声，就像是飞机扔炸弹下落时的声音一样。人们不知发生了什么不测，异常恐慌。这时，只见一个呈球形的巨大冰块从天而降，估计重约 100 千克。这个"大冰雹"到地面后摔成许多碎块，溅撒在直径 40 米的范围内。

这样巨大的冰块如何在天空中形成的？当地的气象学家至今还不能解释。

此外，1894 年我国北方还降过苹果雨；1905 年，我国南方降了桃花雨；日本川崎市还曾下过金属雨。真是五花八门，无奇不有。

天上为什么会下"奇雨"？是谁导演的这一幕幕闹剧？

其实，"奇雨"不奇。现在人们终于弄清了，原来这是大气运动的综合结果，是自然界中出现的小概率事件。具体说来，它们大部分是龙卷风捣的鬼。

龙卷风虽是"奇雨"之源，但并非一切"奇雨"都是龙卷风造成的，也有时是因为强对流天气产生的剧烈风暴，将地面物从上风方卷来所致。如 1983 年 4 月 2 日宁夏石嘴山市的土雨，就是受很强的西北偏西气流影响，使地面的暖空气同高空的冷气团产生垂直对流，形成了积雨云降水和风暴。从天气图上看出，风暴发源地在格里沙漠至河西走廊一带。风暴卷起的大量沙尘，在高空被时大时小的雨水吸附，降落后形成了土雨。

鱼雨通常是海上龙卷风在作怪

最早解释"奇雨"现象的，是我国东汉时期的唯物主义哲学家王充（公元27～约97）。他在《论衡》一书中对建武三十一年发生在河南陈留郡一带的"谷雨"提出了精辟的见解："此时或夷狄之地，生出此谷……成熟垂委于地，遭疾风暴起，吹扬与之俱飞，风衰谷集，坠于中国，中国见之，谓之雨谷。"用现在的白话解释，就是：国外什么地方生长的谷子，成熟以后还没有来得及收割，便被风暴吹跑了。这风暴一直将谷子吹到中国来，由于风势减弱，谷子便降落下来，被人们当成了"天降的谷子"。这种见解既唯物又合理，从宏观上说透了"奇雨"现象的实质。

无论何种奇雨，都会给自然界和人类环境带来不同程度的影响。例如"黑雨"和"金属雨"就含有各种有害元素。目前人们已经查明引发癌症的无机物主要有铍、钴、铬、镍、镉、硒、锌、锡、铅、锆等元素，而1979年湖南长沙县、凤凰县和贵州松桃县降的黑雨，就含有以上所列的多种致癌物。虽然至今尚未发现由于各种"奇雨"使动植物死亡和人类中毒现象，但这是一种潜在的、积累性的危害，不能不引起重视和关注。

第四节　雨之最

中国雨极

我国年雨量最多的地方——火烧寮　我国台湾省北端基隆南侧的火烧寮，1906～1944年，38年的平均年雨量最高达6557.8毫米，1912年曾出现过8409毫米的记录。一般认为，这是我国年雨量的最高记录。

火烧寮古道

火烧寮之所以雨量特别多，主要原因就在于它位于中央山脉的北坡，冬半年面迎从东海上来的潮湿季风，气流稍一抬升便大雨倾盆。

我国年雨量最少的地方——托克逊　我国年雨量最少的地方，大都出现在西部的新疆维吾尔自治区和青海省。其中新疆的吐鲁番盆地、塔里木盆地和青海省的柴达木盆地等，是我国气候最干燥的地区，年雨量一般在 25 毫米以下。例如塔里木盆地南缘的且末，年雨量为 18.6 毫米；若羌为 17.4 毫米；吐鲁番 16.4 毫米；塔里木盆地中的冷湖 17.6 毫米。新疆天山东端靠近中蒙边境的伊吾淖毛湖（海拔 498.3 米），年平均雨量最少，只有 12 毫米。但这还不是我国气象站中雨量最少的地方，最少的地方在吐鲁番盆地西侧的托克逊（海拔不到 1 米），年雨量平均只有 6.9 毫米。据报道，在吐鲁番盆地南部寸草不生的却勒塔格荒漠等地区，有些年份甚至终年滴雨不降。

月平均雨量最多的地方　台湾省的阿里山，7 月份月平均雨量 1044 毫米；其次是东兴，7 月份，633 毫米；恒春，8 月份，555.2 毫米；云南省的江城，7 月份，516.1 毫米；广西壮族自治区的北海市，8 月份，500.8 毫米。

我国北方夏季最多雨的地方在辽宁省长白山东南坡的宽甸，7 月份，359.6 毫米；丹东，7 月份，345.7 毫米。这里夏季雨量特别集中，仅 7、8 两个月，就占了全年雨量的60%。

月平均雨量最少的地方　出现在西藏自治区雅鲁藏布江河谷地区的日喀则、江孜，新疆维吾尔自治区干旱地区的哈密、七角

阿里山

井、尉犁、铁干里克、且末、于田，青海省冷湖等地。这些地方冬季中都有 1 ~ 3 个月的月平均雨量为 0。也就是说，该月降水的机会很少，即使有，也多为微量降水。

旬平均雨量最多的地方　首先台湾省的东兴，7 月下旬，292.1 毫米；其次是台湾省的花莲，5 月下旬 252.9 毫米；再次是广东省的河源，6 月中旬，188.9 毫米。以下是：四川省的峨眉山，7 月下旬，188.7 毫米；江城，7 月上旬，187.4 毫米；广西的融安，6 月下旬，186.9 毫米；钦州，7 月下旬，186.5 毫米。在北方，辽宁的宽甸，7 月下旬，159.5 毫米；丹东，7 月下旬，156.6 毫米。

旬平均雨量最少的地方　新疆、西藏、青海、宁夏、甘肃、云南等省区，均有多地旬平均雨量为零。

日降雨量最大的地方　日降雨量最大的地方是台湾省的新寮，受台风影响，1967 年 10 月 17 ~ 19 日，出现了我国气象水文观测中的最大暴雨，3天降水总量2749毫米，其中17日8时~18日8时，24小时最大降水量为1672毫米，仅次于印度洋中留尼岛赛路斯的3240毫米和1870毫米的暴雨记录，居世界第二位。1963年9月10~12日，台湾省百新在一次台风影响中，从10日20时~11日20时，24小时最大雨量1248.2毫米，3天降雨总量1684毫米，列我国第二。其次是河南省泌阳县的林庄，1975年8月5~7日，受3号台风影响，3天降雨总量1605毫米，其中24小时最大降水量1060.3毫米。再次是河北省内丘县獐独么乡，1963年8月上旬，过程总降雨量2050毫米，其中3天最大雨量1560毫米，24小时最大雨量950毫米。

需要说明的是，沙漠干旱地区的最大日雨量则刚过小雨标准：如青海的都兰诺木洪，12.6毫米；格尔木，14.3毫米；新疆的尉犁铁干里克，16.8毫米。

1小时降雨量最大的地方　河南省泌阳县下陈，1小时降雨量218.1毫米，超过了当时我国大陆历次最高记录。

年最多降雨日数　日降雨量大于或等于0.1毫米的年降水日数，最大为四川峨眉山，263.5天，其中1958年下了291天的雨；其次是四川的天全，235.7天；再次是金佛山，233.2天。以下为：云南的威信，230.8天；镇雄，230.2天；四川雅安，219.4天；台湾基隆，214.1天。北方则以长白山的天池最多，达209.5天。全国能够超过200天的多在川、黔、滇和台4省。

年最少降雨日数　仍然出现在雨量最少的3个盆地里，雨日普遍少于20天。例如新疆伊吾淖毛湖和若羌，为12.7天，且末

11.9 天，青海省柴达木盆地的冷湖 11.4 天，新疆和田地区的民丰安迪尔河，10.7 天，吐鲁番盆地的托克逊，年降雨日数只有 8.3 天。这些都是我国有气象记录地点终年雨日最少的地方。

日降雨量大于等于 0.1 毫米最长连续日数及其降雨量 如果按日降雨量大于等于 0.1 毫米算作一个雨日的话，我国连续降雨日数最长的地方在云南龙陵，时间竟长达 80 天，发生在 1966 年 6 月 21 日～9 月 8 日，降雨量为 1294 毫米；其次是四川稻城，65 天，发生在 1962 年 7 月 15 日～9 月 17 日，降雨量为 592.6 毫米。

以下是：云南瑞丽，59 天，发生在 1967 年 6 月 14 日～8 月 11 日，降雨量为 765.4 毫米；四川省的乾宁，58 天，发生在 1963 年 5 月 26 日～7 月 22 日，降雨量为 542.9 毫米；云南的金平，57 天，发生在 1966 年 5 月 24 日～7 月 19 日，降雨量为 1040.5 毫米；云南潞西，57 天，发生在 1966 年 5 月 24 日～7 月 19 日，降雨量为 680.7 毫米。凡连雨日数在 40 天以上者，一般均发生在四川西南和云南的西南季风雨季中。最短的最长连续日数仅 3～4 天，均发生在西北干旱地区。

最长连续无降雨日数 天数最长的地方发生在青海冷湖，长达 331 天，时间是 1979 年 8 月 12 日～1980 年 7 月 7 日；其次是新疆且末，长达 302 天，时间是 1959 年 8 月 17 日～1960 年 6 月 13 日；新疆吐鲁番，299 天，时间是 1967 年 8 月 27 日～1968 年 6 月 20 日；新疆吐鲁番地区的托克逊，298 天，时间是 1965 年 7 月 29 日～1966 年 5 月 22 日。以下是：新疆民丰，290 天；新疆尉犁县的铁干里克，284 天；新疆民丰县的安得河，278 天；新疆库尔勒县，268 天。

世界的雨极

雨量最多的地方　世界上雨量最多的地方公认为是西非洲。这里受热带辐合带季节性移动的影响，夏季吹从海上来的西南风，冬季吹自内陆来的东北风。特别是几内亚湾沿岸及伸向内陆 150～300 千米的近海地带，全年盛行西南风。这种特殊的地理形势，使西南气流途经几内亚暖流后变得更加湿热，当受到沿岸山地的抬升后，极易产生降水，而且雨量非常丰富，各地雨量均在 2000 毫米以上。几内亚山地的迎风面，年雨量多在 3500 毫米以上。

印度东北部的乞拉朋齐镇，素以"世界雨极"闻名天下，它的北面有高大的喜马拉雅山屏障，迫使来自印度洋的饱含水汽的西南季风抬升，导致降雨不断。这里的年平均降水量为 11430 毫米，1861 年曾出现了年降水量 22990.1 毫米的世界最高纪录。特别是 1960 年 8 月 1 日～1961 年 7 月 31 日的 12 个月中，由于西南季风特别活跃，12 个月雨量居然高达 26461.2 毫米。当乞拉朋齐雨季（3～10 月）到来的时候，终日乌云密布，大雨滂沱，有时一连半个月日夜下个不停。

年雨量最少的地方　从局部干旱区来说，智利卡拉马附近的迪西托德阿塔卡马，堪称世界上年雨量最少的地方。至 1970 年前后，几乎已经 400 年未下过雨了。

从大范围干旱区来说，撒哈拉地区被公认为世界上雨量最少的地方。该地终年受到副热带高压控制，气候十分炎热。著名的撒哈拉大沙漠上，沙丘和砾石一望无际，夏季白天，气温上升快，天气特别热；可到了夜里，由于沙石散热很快，气温又迅速降低。在温度变化剧烈的地方，气温日较差有时居然可以达到70℃。由于这里气候极端干燥，因此年降雨量非常少，有些地方几乎常年晴空万里，不见滴雨。如埃及的阿斯旺和阿尔及利亚的英沙拉，多年平均年降雨量都是0。

撒哈拉大沙漠

撒哈拉地区常年烈日炎炎，高温干旱，致使蒸发强烈，为全球蒸发量之冠。例如苏丹瓦迪哈勒法，年蒸发能力居然高达7327毫米，比我国蒸发能力最大的新疆哈密七角井的4086毫米几乎多了一倍。

雨日最多的地方 美国夏威夷州考爱岛海拔1569.1米的威阿利山，每年雨天达350天，一年中只有半个月不下雨。

雷雨天最多的地方 印度尼西亚爪哇岛的巴格（前称布依赖左格），一年中雷雨天多达322天。

下 篇

雪之韵

瑞雪飘飘当空寒，大地茫茫亮银闪。
层林尽染寒霜凌，银白世界铺山川。

第 六 章

大地的盛装——有关雪的基本知识

第一节　漫天飞舞的雪花

　　雪是大自然赐予人类的一种美丽风景。因为有了雪，凛冽的寒冬才多了几许温馨；因为有了雪，这漫长的季节才让人回味无穷。

美丽的雪景常常成为文人们吟咏的对象

古往今来，漫天纷飞的鹅毛大雪成为不少文人墨客笔下的吟咏对象，如"战罢玉龙三百万，败鳞残甲漫天飞。"这是宋人张元《咏雪》诗中形容大雪的名句，写出了雪花漫天飞舞的生动情景。诗中将雪花形容为龙的鳞甲，不仅十分形象，而且极有新意，极有气势。而唐代著名边塞诗人岑参的咏雪送人佳作《白雪歌送武判官归京》中的"忽如一夜春风来，千树万树梨花开。"更是流传千古的咏雪名句，"千树万树梨花开"的壮美意境，颇富有浪漫色彩。南方人见过梨花盛开的景象，那雪白的花不仅是一朵一朵，而且是一团一团，花团锦簇，压枝欲低，与雪压冬林的景象极为神似。春风吹来梨花开，竟至"千树万树"，重叠的修辞表现出雪景的繁荣壮丽。

虽然古人将大雪纷飞的曼妙姿态刻画得出神入化，但是，他们却未必知道柳絮般的雪花是如何形成的。

雪是怎么形成的呢？

在水云中，云滴都是小水滴。它们主要是靠继续凝结和互相碰撞并合而增大成为雨滴的。

冰云是由微小的冰晶组成的。这些小冰晶在相互碰撞时，冰晶表面会增热而有些融化，并且会互相沾合又重新冻结起来。这样重复多次，冰晶便增大了。另外，在云内也有水汽，所以冰晶也能靠凝华继续增长。但是，冰云一般都很高，而且也不厚，在那里水汽不多，凝华增长很慢，相互碰撞的机会也不多，所以不能增长到很大而形成降水。即使引起了降水，也往往在下降途中被蒸发掉，很少能落到地面。

　　最有利于云滴增长的是混合云。混合云是由小冰晶和过冷却水滴共同组成的。当一团空气对于冰晶来说已经达到饱和的时候，对于水滴来说却还没有达到饱和。这时云中的水汽向冰晶表面上凝华，而过冷却水滴却在蒸发，这时就产生了冰晶从过冷却水滴上"吸附"水汽的现象。在这种情况下，冰晶增长得很快。另外，过冷却水是很不稳定的。一碰它，它就要冻结起来。所以，在混合云里，当过冷却水滴和冰晶相碰撞的时候，就会冻结沾附在冰晶表面上，使它迅速增大。当小冰晶增大到能够克服空气的阻力和浮力时，便落到地面，这就是雪花。

　　拿出放大镜，仔细观察雪花，一幅幅奇妙的图案便呈现眼前，星星一样的小雪花在镜片下抖动、闪光，它们有的像盛开的牡丹，有的如傲霜的腊梅，有的似杈丫的鹿角，有的又像向六个方向张开去的六把小扇子，真是形形色色，美不胜收，令人眼花缭乱。

　　别忙，再细心观测一番，我们便可以进一步发现：不管这些雪花如何的奇妙多姿，但它们都有一个共同的特点——基本形状多呈六角形。

　　就是这极其简单的事情，发现并认定它却经历了十分漫长的过程。

　　100多年前，当冰川学还在摇篮里嗷嗷待哺的时候，冰川学家们便开始详细地描述雪花的形状了。西方冰川学的鼻祖丁铎耳在他的古典冰川学著作里，这样描述他在罗扎峰上看到的雪花："这些雪花……全是由小冰花组成的，每一朵小冰花都有六片花瓣，有些花瓣像山苏花一样放出美丽的小侧舌，有些是圆形的，

108

有些又是箭形的，或是锯齿形的，有些是完整的，有些又呈格状，但都没有超出六瓣型的范围。"

据载，截至目前，人们已经找到了 2 万多种不同的雪花图案，但还远远不能包括全部的雪花，而且就像很难找到两个相同的人一样，也很难找到两朵图案完全相同的雪花。

说来令人难以置信，世界上最早发现雪花六角的并不是外国人，而是我国西汉文帝时代的韩婴。

史书载，韩婴为西汉今文诗学"韩诗学"的开创者，燕山（今北京）人。治《诗经》，兼治《易》。然而，韩婴的文学成就，远没有他的科学发现伟大。后人认为，他最大的贡献并不在诗文上，而在于他在世界上第一个发现了雪花的基本形状是六角形。他在《韩诗外传》中明确指出："凡草木花多五出，雪花独六出。"翻译成现代白话就是：花草树木开的花，多为五个花瓣，而天上降落的雪花，却独为六个花瓣。这个发现是了不起的，比德国天文学家刻卜勒记述雪花是六角形的要早 1700 年。

那么，雪花为什么多为六角形呢？

这还得从物理学中水的形状变化说起。

原来，雪花一般是由水汽在小冰晶上凝华增大而形成的，六角形状同水汽凝华的结晶习性有关。众所周知，一般情况下，水的形态变化，总是先由水蒸气凝结为水，再由水冻结成冰。云中水汽遇冷凝结成雨滴，再冷则冻结为冰雹。而雪则不同，大多数是由水汽直接形成冰晶。这种跳跃了液态阶段，由气体直接变成固体的过程，不叫凝结，而叫凝华。

在常温常压下，由水汽凝华而成的冰晶属于六方晶系，它的分子以六角形的为最多。由于冰晶的尖角处位置特别突出，水汽供应最充分，凝华增长得最快，所以便在六角形的冰晶楞角上长出一个个新的枝杈，最后变成了六个花瓣样的雪花或者枝状、柱状、针状、星状雪花。这六方晶体具有四个结晶轴，其中三个叫辅轴，排列在同一个平面上，相互以 60 度角相交；另一个轴叫主轴，与三个辅轴构成的平面垂直。冰晶在变成雪花前，总是在云中不停地运动着，而它周围的水汽条件也在不断地发生变化，水汽的继续凝华常沿这些轴进行，成为雪花形成的主要物理过程。如果主轴增长快，形成的雪花便呈六角柱状，反之，若辅轴增长快，形成的雪花则呈片状或扇状。

110

气象学家经观察计算：1 立方米的新鲜雪花中，大约有雪花 60 亿 ~80 亿个。为什么雪花的形状千差万别呢？原来，各种雪花的形成和出现是与不同的气象条件，特别是空气温度、湿度有着密切的关系。

当温度为 0℃ 至 -3℃ 时，生成薄薄的六角板形结晶；在 -3℃ ~ -5℃，生成针状结晶；-5℃ ~ -8℃ 时，生成空心棱柱状结晶；在 -8℃ ~ -12℃，生成六角板形结晶；-12℃ ~ -16℃ 时，生成树枝状或羊齿状结晶；在 -16℃ ~ -25℃ 时，生成六角板形结晶：而在 -25℃ ~ -50℃ 之间时，则再次生成空心棱柱形的结晶。

湿度则主要影响雪晶边角的生长情况。湿度大，即水汽含量大时，边角生长较快，有利于星状、树枝状、针状的形成；湿度

各式各样的雪花

小即水汽含量小时，边角生长较慢，有利于片状、柱状的形成。

由于降雪云中的温度和湿度瞬息万变，产生的雪花也就形形色色、绚丽多姿。

冰晶变成雪花所走过的路程既曲折又复杂，它随着气流上上下下、左左右右地反复运动，周围的温度和水汽条件不断变化，使冰晶增长的部位各不相同。正因为冰晶在产生和增长过程中遇到的温度、湿度以及气流条件千差万别，因而雪花的基本形状也就在六个角的基础上变得千姿百态了。

雪花有多大

诗人李白在形容燕山雪花时有一句著名诗句："燕山雪花大如席"。雪花真的有那么大吗？其实，雪花是很小的。不要说

"大如席"的雪花科学史上没有记录，就是"鹅毛大雪"也是不容易遇到的。

事实上，我们能够见到的单个雪花，它们的直径一般都在0.5~3毫米之间。这样微小的雪花只有在极精确的分析天平上才能称出它们的重量，大约3000~10000个雪花加在一起才有1克重。有位科学家粗略统计了一下，1立方米的雪里面约有60亿~80亿颗雪花，比地球上的总人口数还要多。

雪花晶体的重量

雪花晶体的大小，完全取决于水汽凝华结晶时的温度状况。在非常严寒时形成的雪晶很小，几乎看不见，只有在阳光下闪烁时，人们才能发现它们像金刚石粉末似的存在着。

据研究，温度对雪晶大小存在影响：当气温为−36℃时，雪晶的平均面积是0.017平方毫米；当气温为−24℃时，平均面积是0.034平方毫米；气温为−18℃时，平均面积是0.084平方毫米；−6℃时，为0.256平方毫米；气温在−3℃时，雪晶的平均面积增大到0.811平方毫米。

人们有种错误的感觉，这种感觉常常来自一些文学作品描写天气严寒时，喜欢用"鹅毛大雪"来形容。其实，"鹅毛大雪"是气温接近0℃左右时的产物，并不是严寒气候的象征。相反，雪花越大，说明当时的温度相对比较高。三九严寒很少出现鹅毛大雪，只有在秋末初冬或冬末初春时，才有可能下鹅毛大雪。所谓的鹅毛大雪，其实并不是一颗雪花，而是由许多雪花粘连在一起而形成的。单个的雪花晶体，直径最大也不会超过10毫米，至多像我们指甲那样大小，称不上鹅毛大雪。

在温度相对比较高的情况下，雪花晶体很容易互相联结起来，这种现象称为雪花的并合。尤其当气温接近0℃，空气比较潮湿的时候，雪花的并合能力特别大，往往成百上千朵雪花并合成一片鹅毛大雪。因此，严格地说，鹅毛大雪并不能称为雪花，它仅仅是许多雪花的聚合体而已。

第二节　雪的种类和测量

严寒的冬天除了降雪外，有时还会从天空落下奇形怪状的固态结晶体，这些都属于"雪家族"的成员。由于这些结晶体造型多姿，常引起人们无限的遐想。现在就让我们一起来细数雪家族的成员。

冰针

顾名思义，冰针是像绣花针一样非常微小但却透明的冰的结晶体，是在温度极低、水汽稀少的环境条件下，由空中的水汽直接凝华而成。它可以下降到地面，有太阳时往往闪耀发光，宛如美丽的白衣公主降临人间。冰针多出现在高纬度和高原地区的严冬季节，有时可形成日柱或其他晕的现象。冰针对空军及民航飞行有一定影响。

冰　针

米雪

冬季常见的粒状或杆状的白色、乳白色小雪粒，不透明，形成于较稳定的层状云或雾中，其直径一般小于 1 毫米，落在地面或坚硬物体上不反跳。由于重力作用，当小冰晶在云层中漂浮不定时，降落下来又与下面的湿空气发生凝结变大而形成。

霰

霰读音为"限"（xiàn）而不是"散"（sǎn）。它和米雪比较相似，多呈白色或乳白色的不透明圆锥形雪粒，有人称它们为"孪生兄弟"，只是个头比米雪稍大，直径为 2～5 毫米，且松脆易压碎，着硬地时反跳，容易破裂。通常在温度接近0℃时降落，常见于下雪前或与雪同时降落。若在春天发生，往往短促而带阵性。霰一般产生在比较厚的不稳定积状云中，主要靠云中乱流和升降气流的作用，使冰晶与过冷水滴反复碰撞、冻结变大而形成。霰在不同地区有不同的名称，民间称为牛皮凌、雪糁（shēn）等。

霰

冰粒

冰粒是一种微小、坚硬、完全透明的丸状或不规则的固态降水的小冰粒，直径一般小于5毫米，着硬地时反跳。冰粒是雨滴在下降过程中，经过低层的冷空气（0℃以下）时冻结，或雪花在空中经大部分融化后再冻结而成。冰粒与冰雹不同，没有白色不透明的核。有时冰粒的坚硬外壳内，还有残存的未冻结的水。这类冰粒落地时，往往会摔得粉身碎骨。有人将它称为霰和米雪的"大哥哥"，说它们三兄弟同为一母所生，也未尝不可。

星状雪晶

星状雪晶呈片状且多为六角形，它形成时的天气特点与产生冰针的天气特点相似，但与冰针的体形不大一样，极薄而且透明。当它身披洁白的玉衣缓缓下落时，天空便呈现出五彩缤纷的美景，难怪人们赞美它是雪花王国的美丽"皇后"。

冰晶柱

这是一种在空中未分岔的针状、柱状、片状的冰晶。这种冰晶非常微小，重量极轻，因此常悬浮于空中。神奇的是，它不但会从云中落下，有时还会从无云的天空中降落下来。于是，有人便称其为"神秘的天外来客"。

冰雾

又称冰晶雾，是由冰晶构成的雾。常见于气候寒冷地区的冬季，近地气层温度降到远低于0℃，使其中水汽凝华所致。

冰丸

由透明或半透明的小粒所组成的降水，呈球形或不规则形，偶尔呈锥形，其直径为5毫米或更小。

冰丸分为两种主要类型：一种是冻结的雨滴或大部分融化并再冻结的雪花；另一种是米雪包上一层薄冰，这层冰由米雪在下落时获得的水滴冻结而成，或由米雪部分融化后再冻结而成。

雪是固体降水的一种，和雨一样，也有度量和量级。按照降水量强度，降雪分为小雪、中雪、大雪和暴雪4个等级。

小雪：0.1~2.4毫米/天；

中雪：2.5~4.9毫米/天；

大雪：5.0~9.9毫米/天；

暴雪：大于等于10毫米/天。

还有一种情况，当大量的雪被强风卷着随风运行，水平能见度小于1千米，并且不能判定当时天空是否有降雪时，称之为"雪暴"。上面降雪等级以24小时内的降雪厚度为划分标准。

天气预报中的"小雪"，指下雪时水平能见距离大于或等于1千米，地面积雪深度在3厘米以下。"中雪"，指下雪时水平能见距离在500米~1千米之间，地面积雪深度为3~5厘米。"大雪"，指下雪时能见度很差，水平能见距离小于500米，地面积雪深度大于或等于5厘米。如果降雪时近地面气温略偏高，发生雨和雪同时降落的现象，称为"雨夹雪"。有降雪而没有形成积雪，称为"零星小雪"。

天气预报中说的"小到中雪"，指下雪时强度介于小雪到中雪之间，比小雪略大但又未达到中雪的标准；"中到大雪"，则指下雪的强度介于中雪到大雪之间，积雪深度达不到5厘米。有时，我们还可以听到"雨夹雪"的术语，指的是雪花和雨滴同时降落，或雪花在降落过程中开始融化，形成半融化的雪；当然有时也有这种现象：天空一会儿下雨，一会儿下雪。

不管是降雪还是降雨，气象部门统称为"降水现象"，天空所降的雨或雪的多少，又统称为"降水量"。为了便于广大读者理解，科普文章中常用"降雨量"或"降雪量"来描述。

降水现象有它自己的规律和特性，这就是天气预报中常提到

117

的"连续性"、"间歇性"和"阵性"三种雨或雪。连续性降水持续时间长，强度变化小；间歇性降水则是时降时停或时大时小，但变化都很缓慢；阵性降水强度变化很快，骤降骤止，天空时而昏暗，时而部分明亮开朗。

那么，降雪是怎样测定的呢？

对降雪的观测是气象观测的常规项目，包括降雪量、积雪深度和雪压。降雪量，实际上是雪融化成水的降水量。发生降雪时，须将雨量器的承雨器换成承雪口，取走储水器（直接用雨量器外筒接收降雪）。观测时将接收的固体降水取回室内，待融化后量取，或用称重法测量。

当气象站四周视野地面被雪覆盖超过一半时要观测雪深，观测地段一般选择在观测场附近平坦、开阔的地方，或较有代表性的、比较平坦的雪面。测量取间隔 10 米以上的 3 个测点求取平均值；积雪深度以厘米为单位。在规定的观测日，当雪深达到或超过 5 厘米时需要测定雪压。雪压以"克/平方厘米"为单位。

观云识雪

在没有科学的天气预报以前，在民间，人们积累了观云识雪的丰富经验。先说说什么样的云会形成降雪天气。

冬季的早晨，如果西北天空有雨层云、高层云并逐渐东移而布满天空，加之云底较低、云层很厚且呈均匀幕状；云的底部呈灰色且较阴暗，不能辨别日月位置；远看云下有雪幡，但悬在半空中不接触地面。若出现这种云，则是下雪的征兆。

人们常说："云是天气变化的'招牌'。"自古以来，人们在生产和生活实践中就注意观云测天，总结了许多丰富的看云识雪的宝贵经验。

观云可以识雪

受大气环流影响，我国大部分地区出现的降雪（雨）天气过程，一般都是从偏西方向向偏东方向移动。所谓大气环流，就是地球上空大气总的流动情况。由于太阳终年直射在地球南、北回归线之间，因此，大部分的辐射热量都集中在赤道附近，于是被加热的空气就形成了强烈的上升运动。而在南、北两极，冬季处于"永夜"（整个冬天见不到太阳）之中；夏季虽为"永昼"，阳光终日照射，但因角度太小，得到的太阳辐射能量仍很微弱，于是那里便形成了天然的大冷库。凡流经那里的空气，温度便会慢慢降低，致使地球出现了永恒的温度差，即两极非常寒冷，赤道又非常热。极地大量冷空气不断下沉，高空空气减少，气压变低；赤道地域则受热膨胀，空气密度变小，气压增高。这样，在两极的高空是一个"永久性"的冷低气压区，赤道上空则是一个"永久性"的暖高气压区，使两地气压差悬殊。

空气总是从高气压区流向低气压区，空气的这种流动即是风的成因。因地球自转总是自西向东运转，空气受到地转偏向力和摩擦力的作用，在向极地流动过程中，北半球便发生了向右偏转的现象。这样，在北半球中纬度地带，高空大风就转向由西向东吹来，气象上称之为"高空西风带"。又由于天气系统往往是伴随着大气环流方向移动的，因此，风、云、雨、雪等天气过程也随之产生了自西向东运动的规律。"西北浓云密，有雪在夜里"的天气谚语，说的就是雨雪多西来，要不了多长时间，降雪天气将移到本地。

间歇性降雪来自层积云中，这种云的外貌特征是：云体呈块状、片状或条状；云块有时聚集成群排列成行，宛如大海中的波涛；云层各部分透明程度差别很大，薄的部分可见日月轮廓，厚的部分辨不出日月位置；有时伴有华或晕。

阵性降雪常由浓积云发展而来，这种云的特征是：云体臃肿庞大，云顶高可达1.2万米，云底混乱且呈土黄色或铅黑色；当云顶呈紫色时，阵性降雪便会来临。

米雪、冰粒常出现在天空布满层云时，这种云比较好识别，其特征是：云层低而均匀，云底呈灰色幕状，像雾，但不与地面接触；常笼罩山顶和高大建筑物。这种云一旦出现，米雪、冰粒将至。

第三节　我国降雪的特点

我国的降雪有着自己本身的特点。

雪日分布特点

我国雪花飞舞的日数是高山高原多，低地平原少；北方多，南方少。

冬天，你要是从百花盛开的广州出发到冰封千里的黑龙江去旅行，就会明显感到，一过淮河，大地上便开始出现依稀可辨的积雪；越往北走，积雪成片出现，越来越多，越来越厚；当进入东北大、小兴安岭地区时，1 米多厚的积雪就屡见不鲜了。

我国积雪分布基本上以秦岭—淮河为界，在这条界线以南的广大地区，冬季即使有降雪，也大多是随降随消，不能形成稳定雪盖；秦岭—淮河以北，随着纬度越来越高，便有了越来越厚的比较稳定的积雪。但各地积雪日数相差很大。

降雪日数简称"雪日"，怎么才算一个雪日呢？雪日是指：日降水量大于或等于 0.1 毫米的降雪日子。例如，东北长白山天池气象站是我国东部下雪最多的地方，每年平均要下 144.5 天，而就在其附近海拔只有 442 米的和龙县气象站，每年却只有 25 天的雪日。我国最北端漠河平均每年有 47.2 天雪日，长春、沈阳地区有 20~27 天，山海关以南的绝大多数地方，每年雪日就都不满 10 天了。

秦岭—淮河是中国的南、北分界线

　　比较一下积雪日数和下雪日数，可以发现一条有趣的规律：北方积雪日数比下雪日数多，南方却是下雪日数比积雪日数多。比如，哈尔滨平均每年积雪104.3天，但下雪日数平均却只有54.4天，约占1/2；赣州虽然每年平均下雪5.3天，但积雪日数平均却只有1.4天。再往南去，越过南岭，就只有降雪而几乎没有积雪了。

　　这是什么缘故呢？原来，北方冬季气温很低，常常白天的气温也在0℃以下，所以下一次雪经久不化，甚至可以越过一冬；但南方的气温高，下了雪很难堆积起来，少则半日，多则一两天就融化完了，甚至刚落到地上就融化了，根本积不起来，所以这里的下雪日数就比积雪日数多了。

积雪又分为季节性积雪和永久性积雪。冬季里积雪、夏季里融化的中纬度地带属于季节性积雪带。积雪在经过整个夏季都融化不完的高山和极地，属于永久性积雪地带。

对于农业来说，积雪的平均厚度和初春融雪前的积雪厚度最为重要。前者关系到作物是否能安全越冬，后者是预报春汛的可靠依据。东北和新疆北部积雪时间长，积雪厚度稳定在10厘米以上，一般作物都能安全过冬。而华北地区积雪期短，雪层又薄，需视情况采取防冻措施。

积雪最大深度

我国积雪最大深度除东北和新疆北部外，还有一个积雪中心，竟然出人意外地出现在纬度较低的长江下游，而且最大深度在南京附近。原来，这一地区的冬季，恰好是寒潮南下与东南较暖空气团彼此交锋的地带，冷、暖空气团互不相让而形成锋面天气。锋面上水汽非常充沛，常常产生大面积降雪过程。华北虽然纬度较高，但它受蒙古高压影响特别强，冷高压空气比较干燥，形成降雪的天气并不是太多，因而，其降雪量居然还不如南京。

最大积雪深度出现的日期，各地也不相同。东北和新疆北部由于气候寒冷，能形成稳定的雪盖，最大积雪深度一般出现在冬末春初的3月。华北却出现在初冬，因为初冬空气中水分较多，降雪量相对较大。其他纬度较低地区的最大积雪深度与寒潮强弱有直接关系，一次强大的寒潮若再加上地方性天气条件配合，有时能够造成创纪录的积雪深度，因此这些地区出现积雪的日期无规律可循。

我国的降雪线南界比同纬度其他国家偏南许多

因为我国冬季比较寒冷，所以我国的降雪南界也比同纬度其他国家偏南许多。例如，比近邻日本列岛就偏南500多千米。我国台北、福州、韶关、桂林、昆明一线，都还能见雪，要到福建厦门，广东梅县，广西梧州、百色，云南广南、保山一线以南地区才不见雪。但在有强寒潮的年份里，紧靠这条线的地方，例如广州、南宁也可能偶尔飞雪，不过这些雪，边下边化，下到地面也就像浸了水的白糖一样，似雪非雪了。所以，古代又有"粤犬吠雪"的典故。

124

第四节　人工降雪的原理

早在远古时代，我们的祖先就幻想着掌握呼风唤雨的本领。但无情的干旱并没有按他们的意愿带来降水，反而一次次使他们的幻想随同田地里的禾苗死亡而破灭。

随着近代气象科学技术的发展，人们终于破解了人工降雪的密码，使远古至今祖辈人的梦想变成了现实。

天上的水蒸气变成雪降到地面，必须具备2个条件：①必须有一定的水汽饱和度（主要与温度有关），②必须有凝结核。因此，人工降雪时天空中必须有云。能下雪的云是聚有0℃以下水汽的"冷云"，在冷云中，既有水汽凝结成的小水滴，也有水汽凝华而成的小雪晶，但它们都很小很轻，倘若不存在继续生长的条件，它们只能像烟雾尘埃一样悬浮在空中，很难落下来。我们在冬天经常看到大块大块的云，就是不见雪花飘下来。因为组成这些云彩的雪晶太小，克服不了空气的浮力，降水能力差。如果在云层里喷洒一些微粒物质，促进雪晶很快地增长到能克服空气的浮力降落下来，这就是人工降雪的原理。

喷洒什么物质能促使雪晶增长呢？

早期，人们曾试过许多有趣的方法：在地面上纵火燃烧，把大量烟尘放到天空里；用大炮袭击云层；利用风筝高飞云中，然后在风筝上通电，闪放电花；乘坐飞机钻进云层喷洒液态水滴和尘埃微粒。但是，这些方法的效果都很不理想。直到1946年，人们才发现把很小的干冰微粒投入冷云里，能形成数以百万计的雪晶。当年11月3日，有人在飞机上把干冰碎粒撒到温度为－20℃的高积云顶部，结果发现雪从这块云层中降落下来。

这里所说的干冰不是由水冻结的冰，而是二氧化碳的固体状态，很像冬天压结实的雪块。干冰的温度很低，在－78.5℃以下。把干冰晶体像天女散花似的喷洒在冷云里，每一颗二氧化碳晶体都成为一个聚冷中心，促使冷云里的水汽、小水滴和小雪晶很快地集结在它的周围，凝华或凝结成较大的雪花降落下来。

现在常用碘化银来人工降雪。碘化银是一种黄颜色的化学结晶体，平时作为照相材料里的感光剂使用。碘化银的晶体与雪晶的六角形单体尺寸非常相似，它们单体里的原子排列也十分近似，两者的晶格间距也很接近。因此，把碘化银微粒撒在降水能

人工增雪

力较差的云层里，使它"冒名"顶替雪晶，便能让云中的水汽和小水滴在"冒名"的晶体上凝华结晶，变成雪花。

怎样把这些凝结核散布到云层中呢？现代人大多使用大炮，把化学药品装在炮弹里，然后用大炮发射到云层里去。不过这种方法喷洒不均匀，药品浪费较大，增加了人工降雪的成本。还有人把它们装在土火箭里，让火箭飞到云里去喷洒。

一般来说，人工降雪比人工降雨的成功率更大。人工降雨可以增加大约20%的雨量，而在高山高寒地区，人工降雪却能增加30%～40%的降水量。这是因为高山高寒地区，温度低，水汽容易达到饱和状态，同时，雪晶比雨滴更容易形成。只要人工给大气增加一些结晶核，比较容易促进降雪。

链接

人工降雪史话

人工降雪的成功实际上也经历了漫长的过程，而且也并不是一帆风顺的。

1933 年以前，贝吉龙就提出过有关雨和雪在大气中形成过程的学说，即存在于过冷却云中的冰晶迅速成长，使云滴碰撞而形成较大的雪片和雨滴。

过了 5 年时间，雨和雪形成学说由芬得森发展到人工降雨的可能性。但是，尚未发现成雨（成雪）的有效冰晶核。

在科学的道路上每攀登一步，都要付出艰巨的努力。1946 年，美国通用电器公司的科学家文森特·谢弗经过苦苦探索，在一次实验中偶然发现了人工可以产生冰晶的秘密，为气象科学树起了一块辉煌的里程碑。

第二次世界大战期间，通用电器公司聘请爱尔文·兰格谬尔博士研究飞机机翼在穿过云层时为什么会结冰的科研课题。年轻的谢弗正是兰格谬尔博士的助手。他们接受任务后，立即动身到美国东北部的新罕布什尔州去，那里的山峰终年积雪，并且雪暴频繁。

谢弗和兰格谬尔整日在山间的严寒空气中工作，他们逐渐发现了一个奇怪的现象：虽然气温常常在 0℃ 以下，但在他们周围和脚下缭绕的云雾之中，却没有发现一粒冰晶。这一奇异的现象，深深地留在谢弗的脑海里。

大战结束后，谢弗制造了一台制冷器，它能产生寒冷的湿空气，和新罕布什尔州山区云层中的空气十分相似。谢弗推测冷空气中不能形成冰晶，可能是因为缺少如爱特金曾提到过的结晶中心。这样谢弗往他的制冷器里呼出一大口热气，冷却后，再往冷空气中投放一点点粉末，如面粉、糖粉等，等待它们在制冷器里发生变化。谢弗耐心地做了几个月实验，往制冷器里扔进去他能够想象得出来的各种各样粉末，但是竟然没有一种物质可以形成雪花或水滴凝结核。

1946年7月里的一天上午，烈日当空。谢弗继续耐心地往制冷器里一次次地扔进各种粉末，仍没有结果。这时，朋友邀请他去吃午餐。当时，谢弗已经筋疲力尽，想借此休息一下，清醒清醒头脑。临走前，他把致冷器盖好，口沿朝上，使较重的冷空气沉到底部，不至于逃逸出来。

谢弗匆匆吃完午饭，心里还惦记着制冷器中的冷空气。待他回到制冷器旁，一看温度表，温度已经上升到冰点以上了，不禁有点懊恼。几个月来，他专心致志地做实验，竟然没有觉察到盛夏已不知不觉到来了。他想大热天做冷冻实验，以后可得多留点神。今天的实验还做不做呢？他赶紧把制冷器盖子盖紧，耐心地等待着重新使空气降温。谢弗专心致志地注视着缓缓下降的水银柱，心里着急，他转身找到一点干冰，想用来加快空气降温的速度。

谢弗打开致冷器的盖子，把冒着白汽的干冰扔进去，然后又往致冷器里长长吐了一口气。突然，他感到眼前一片银白，在阳光的照射下，无数银色晶体在滚动。谢弗立刻明白了，这不正是自己梦寐以求的冰晶吗？经过无数次失败，竟然在偶然的一刻获得了成功。他连忙叫来助手，再次往致冷器里长长吐了一大口气，同时又扔进一大把干冰，这时立刻出现了一片银光灿灿的小冰晶，缓缓地落了下去，仿佛一层美丽的白色绒花——人工造雪实验成功了。

这以后谢弗常想：既然能在实验室中制造雪花，为什么不能到田野上空的云朵中去试试呢？他决定在飞机上安装喷洒干冰的装置，飞上天空试试看。

当年11月里寒冷的一天，谢弗和兰格谬尔看见天边出现了一片浓云，谢弗立刻坐上飞机冲向天空。这是一种体积硕大的灰色云朵，里面饱含着充足的水汽。谢弗选好时机，开动了机器，干冰像一条拖曳的飘带落在云层中。喷洒了一半，周围空气温度便迅速降低，竟使飞机的发动机熄了火。他急中生智，把剩下的干冰立刻从飞机的窗口统统扔到下面的云层中。

在地面上观察的兰格谬尔博士仰望着从云端飘然而下的洁白的雪花（实际上是雪幡），万分激动。谢弗从飞机上走下来时，冻得浑身发紫。兰格谬尔博士欢呼着跑过去迎接他，欣喜地高喊道："人工降雪成功了，你创造了历史上的奇迹！"

第 七 章

"白色精灵" ——雪的作用

第一节　雪对农业的作用

130

　　雪对农业的作用是显而易见的，我国民间流传着不少这样的民谚：如"瑞雪兆丰年"、"冬天麦盖三层被，来年枕着馒头睡"等。

　　加拿大、美国北部的产粮地带和乌克兰平原，无不是靠瑞雪使农田获益。我国新疆的伊犁地区和东北的三江平原，每年降雪的数量折合成水，大约占到全年降水总量的30%～40%。这样比重的降雪量，对当地的农牧业生产起着举足轻重的作用，使这些地方成为著名的粮仓。准噶尔、塔里木、哈密大草原，农牧业生产几乎全靠天山融雪水滋润；河西走廊和西大滩的农业生产靠的是祁连山与贺兰山的融雪水；黄土高原和东北平原等半干旱地区的"冬雪春用"，对防止春旱、作物增产增收具有重要作用。

被积雪覆盖的农田

具体说来，雪对农业生产有以下功能。

防冻保温

我们都知道，冬天穿棉袄很暖和，穿棉袄为什么暖和呢？这是因为棉花的孔隙度很高，棉花孔隙里充填着许多空气，空气的导热性能很差，这层空气阻止了人体的热量向外扩散。

积雪松软多孔，体积大，质量小，大雪里面有60%~80%的空隙，空隙中充满的空气是不良导体，新雪的导热性只有土壤的1%。越冬作物被积雪覆盖后，等于盖上了一层厚厚的"棉被"，地里的热量传不出来，外面的冷空气也钻不进去，既可阻止土壤中热量散失，又可阻隔寒气侵入给作物造成冻害。田间观测资料表明，当麦田积雪达到5厘米厚时，小麦分蘖节处的地温比雪面上的温度高3℃左右；积雪厚达10厘米时，分蘖节处的地温比雪面上的温度高5℃；在积雪超过10厘米厚的情况下，有积雪覆盖比无积雪覆盖的麦田，分蘖节处的温度偏高 6～7℃。可见，积雪确实能保护麦苗或其他越冬作物不受冻害。

当然，积雪的保温功能是随着它的密度而随时在变化着的。这很像穿着新棉袄特别暖和，旧棉袄就不太暖和的情况一样。新雪的密度低，贮藏在里面的空气就多，保温作用就显得特别强。老雪呢，像旧棉袄似的，密度高，贮藏在里面的空气少，保温作用就弱了。

杀菌灭虫害

大量事实证明：冬季无雪或少雪，来年农作物病虫害猖獗；冬季若雪多雪厚，来年作物病虫少，五谷丰登，六畜兴旺。这是因为，当积雪融化时，由于吸收大量热量，使地表温度骤然降低，可冻死靠近作物根部的一些害虫和虫卵。同时，地面积雪阻隔了雪层上下空气的流动，造成土壤层中氧气不足，病原菌、害虫和虫卵被憋死和闷死。另外，积雪融化时，土壤表层水分增大，甚至达到饱和状态，这时蛰伏在土壤表层的害虫，常因过量水分的浸渍而死亡，从而减轻了对农作物的危害。

增加土壤养分

下雪时，雪花在空中飘飘扬扬，吸收了空气中大量的尘埃、氨、二氧化碳及硫化氢等有机物，形成较多的氮化物。据化验分析，1 升雨水中含氮化物 1.53 毫克，而 1 升雪水中则含氮化物 7.52 毫克，比雨水高出 4.9 倍。当积雪融化时，这些氮化物被水溶解，渗入土壤中，使土壤酸化，合成硝酸铵，成为农作物所需要的氮肥。所以，农田里的积雪具有肥田作用。

132

另外，雪水还有一个特殊的功能——促进动植物生长发育。雪水中所含的重水仅相当于雨水的1/4。经测试，每7千克雨水含重水1克，而同样的雪水中仅含重水0.25克。重水能抑制动植物的生长发育，尤其对植物的细胞生长和其他生命活动有一定的限制作用。这样，相比之下，雪水更能促进动植物的新陈代谢，加速生长发育。

压碱洗盐淡化土壤

我国广大盐碱区有"天不怕，地不怕，就怕三、四月盐碱上浮啃麦芽"的说法，小麦苗期生长最怕盐碱危害，盐碱危害往往造成大面积麦苗死亡。盐碱的特点是顺水爬，而冬春地面有积雪覆盖，减少了土壤蒸发，下层盐碱很难上升到达地面。开春，融雪水下渗，又时时冲洗着盐碱，从而大大淡化了土壤中的含量，对小麦丰收大有益处。

为西部干旱地区提供水资源

在我国大部分地区，由于受季风气候影响，夏季风往往是降水的主要水汽来源，这些地区，只有在夏季风到来的季节，才可能有较大的降水。但是，据气候学家张家诚先生考证，西部地区却并不属于季风区。

我国古代就有"春风不度玉门关"之说，而这里说的玉门关，就在甘肃省河西走廊的西部，正好是夏季风到达的北界。玉门关以西的广大地区，特别是青海和新疆，夏雨在全年降水中所占的比例要低得多。有的地方，几乎全年滴水不见。在《雨的形成和演化》中可以看出，我国最长连续无降雨日数的地方全在大西北。这么广大的地区，若没有其他的水分供应，别说发展农牧业生产，即使生存都是几乎不可能的。

玉门关

但是，一方水土养一方人，西部自有西部的水资源。

根据中国科学院兰州冰川冻土研究所的估计，新疆高山冰川面积达 2.3 万平方千米，每年可融化 178.6 亿立方米的水量，约占地表径流量的 22.5%。

在北纬 40～60°之间的西风带里，西风把大西洋的暖湿气流带到寒冷的欧亚大陆，在欧洲的中部到东部遇到寒冷气流，形成降雪。因此，中欧与东欧冬雪较大，是那里的主要水源。然而，冬季大西洋气流经过欧洲到达亚洲后，水汽消耗已经很多，在平地不再形成较大的降水。但是，在北纬 40～60°之间的欧亚大陆，几乎是一条没有山脉阻挡的水汽通道，一直到我国新疆的西部才遇到高山。在这些高山的迎风面上，气流沿山坡爬升，西风气流

134

中残存的水汽在这里形成第二个降雪区，这就是新疆冬季多雪的原因。当气流再往东，遇到青藏高原东部的祁连山时，再次出现上升气流，虽然雪量明显减少，但仍是那里降雪的原因，在当地水分平衡中起着不可忽视的作用。

这些水分尽管降在冬季，但却以冰雪的形式存贮起来，到了夏季气温升高后再慢慢融化，加入到河水的径流中，灌溉着大西北的广袤田野，滋润得那里的牛羊膘肥体壮，使那里的人们得以生息和繁衍。

占着这么大百分比的降雪，对于农业生产的意义是不言而喻的。在那些降雪量比较少而还能够有积雪的地区，积雪对于农业生产仍然有重要作用。据测定，在海拔 1000 米以下的平原地区，每年从 11 月下旬起，地面有 5～10 厘米稳定的积雪覆盖，基本上可以保证作物安全过冬，否则就会造成严重的冻害。

第二节　雪对人体健康的作用

长久以来，科学研究发现，凡是冬季长时间不下雪，气温偏高，空气干燥时，各种传染性疾病便应时而起。特别是流行性感冒的传播速度，有时可达到惊人的地步。

流感病毒在历史上曾给人类带来过巨大灾难，1918～1919 年间发生的全球性流行感冒，至少造成 2000 多万人死亡。这是因

135

为，正常年份，许多传染病菌靠严寒天气来制约。如果该冷而不冷，首先给这些病菌造成了滋生蔓延的天气条件，使它们有了"兴风作浪"的机会，从而引起疫病大流行；其次，这种天气打乱了人体生物钟的节律，破坏了人们对正常气候变化的适应性，这样一来，势必造成人的免疫功能减退，给流行病菌以可乘之机。

降雪可以带走病菌，净化空气

把雪称为传染病菌的克星并不过分。下雪时，雪花从天空飘飘洒洒降至地面，在飘落过程中，顺便将各种污染物和流行病菌等统统粘附在一起，随同雪花降至地面，使空气得到了净化。

而雪融化的时候，需要从周围吸收大量的热，这样便能使土壤表层及越冬作物根部附近的温度骤然降低。这突如其来的降温，会使从空中随雪花降落的流行病菌和躲在作物根茬、秸秆、树叶与杂草中的害虫卵及病菌措手不及，俯首待毙。

雪的杀菌灭虫效果，比打一次农药还要好，对来年春天流行病的传播也能起到很好的抑制作用。

另外，雪水对人体的健康也大有裨益。

李时珍《本草纲目》曰："腊雪甘冷无毒，解一切毒。治天行时气瘟疫，小儿热痫狂啼，大人丹石发动，酒后暴热，黄疸仍小温服之。藏器洗目退赤；煎茶煮粥，解热止渴。"在民间，腊月雪水被百姓称之为"廉价药"，应用很广。

消炎、消肿、止痛、止痒　雪水对治红眼病、皮肤烫伤、冻伤都有效果。尤其对于轻患者，只需三四个小时涂洗一次，可不用药，四五天就能痊愈。如伤后时间拖延较长、创面已起水疱或已感染溃烂，也可用浸雪水的多层纱布敷创面，并不断淋以雪水，保持湿润，同样可以消炎止痛，去腐生肌，如此几天，创面就会结痂、愈合。

凡因上火而致的双眼红肿，用腊月雪水洗浸双眼，可散热消肿。

盛夏湿热，易生痱子，用腊月雪水涂抹，可消痱止痒。

在寒冬，手脚冻麻时用积雪搓洗，又能舒筋热血，让人体遍身舒适。现代医学还认为饮用煮沸过的干净雪水，可使血液中的胆固醇的含量显著下降，可有效防治动脉硬化症。

健身　如果常用雪水洗澡，可以增强皮肤的抵抗力，促进血液循环，减少疾病。如果长期饮用洁净的雪水，可益寿延年。这是那些深山老林中长寿老人长寿的秘诀之一。

美容　春采桃花、夏采荷花、秋摘芙蓉花，晒干后，冬天用雪水煎"三花"为汤，去渣取汁，即成古方"三花除皱液"，常以此洗面，使肌肤白里透红，美如芙蓉。

雪水为何有如此奇妙效用呢？

原来，雪水的结构十分奇特。首先，雪水含的重水比普通水少1/4。这是由于重水比普通水的饱和水气压小，蒸发成水汽凝结成云的机会就少。重水对各种生物的生命活动有强烈的抑制作用。雪水中的重水少了，自然有益于生命。

另外还有一个重要原因是雪水中含有的气体比正常的水少。冰雪水经过冰冻，排挤了其中的气体，导电性发生了变化，密度增加，表面张力增大，水分子内部压力和相互作用的能量都显著增加。这样的水更接近水的本性，它极似于活细胞液，被俄罗斯学者誉之为"活水"。

138

第三节　雪是良好的建筑材料

冬天，纷纷扬扬的雪花惹人喜爱，孩子们都喜欢用雪来做游戏。例如滚雪球，堆雪人，建筑雪碉堡，塑造雪假山等，都是孩子们想玩的游戏，温度在0℃ ~ -5℃的情况下都可以用积雪来做。这是最原始最简单的用积雪当作建筑材料的事例。

积雪是良好的防寒和防风物质，在林海雪原上周旋的猎人们都知道，夜晚他们在雪地露宿时，总是在雪地上挖个雪坑，把挖出的雪堆积在雪坑的周围。他们就在这样的雪窝子里过夜，既保暖，又防风。长篇小说《林海雪原》里描写杨子荣打虎上山之前，就是在这种简单的雪窝子里过夜的。

在我们地球的南、北两极，一些终年结冰的地方，由于交通运输十分不便，积雪是唯一最方便的建筑材料。

世界上最大的岛屿格陵兰岛，位于北极圈内。生活在这个岛屿北部的爱斯基摩人过着随时迁移的渔猎生活。为了适应这种生活习惯，他们就地取材，随心所欲地利用积雪作为建筑材料，建造起一座又一座令人赞叹的"爱斯基摩人小雪屋"。

爱斯基摩人的雪屋

爱斯基摩人建筑雪屋时不需要什么瓦刀、大铲等瓦工工具，也不需要什么锛子、锯类木工工具，而是人手一把特制切雪刀，把经过风吹而变得密实的雪切成规格大小不一的各式各样的雪砖。建筑雪屋所需的材料即全部准备就绪。

爱斯基摩人"部落"都选址在背风、宽广的地域，然后用雪砖砌成直径 3 米左右的圆形基础，人站在里面，一层层往上砌雪砖，砖缝之间抹上一层碎雪做"灰浆"，并在灰浆上洒少量的水。这样，雪砖与雪砖之间很快便冻结、粘连在一起，比水泥砂浆还牢固呢。砌到两三层时，在一侧开一个门，供临时工匠们出入用。每砌一层雪砖都稍向里边收一点，一层层收缩到屋顶时，只剩下中间一个小方孔。这时，建筑工匠便选一直径与小方孔大小一致的雪砖往上托，把顶上这个最后的洞堵严，雪屋就砌好了。然后封住临时出入的门，从冰雪地面上挖一个通道作为出入口。到这时，小雪屋正式落成。

你一定以为雪屋像冰窖一样寒冷吧？恰恰相反。因为雪不传播热能，是很好的隔热建筑"材料"。40多厘米宽的雪砖足以使屋里的热气传不出去。这种用雪砖砌成的圆屋子，不但没有门和窗，连一条缝隙都没有，封得严严的。那呼啸的暴风雪和刺骨的寒冷统统被拒之门外。

很多在北极寒风中冻得四肢发僵的探险家和旅行者，一踏进爱斯基摩人低矮的小雪屋，都曾用动人的笔调和喜悦的心情追述过小雪屋的温暖舒适：有的说像沙漠里的游子遇到了清泉，有的说像漂流的海船遇到了大陆。的确，那沁骨的寒冷已留在屋外，雪屋中央的北极白熊皮上，坐着雪屋主人的一家，旁边燃烧着一堆熊熊篝火，茶壶咝咝地喷出白色的蒸汽……

令人惊讶的是，在这样的雪屋里竟然可以点燃熊熊的篝火！难道篝火不会融化小雪屋吗？没事的！雪屋刚开始点篝火的时候，屋里的墙壁和天花板会融化一些，但融化的只是一小薄层而已。当墙壁和天花板上融化的薄层慢慢冻结成一层冰壳以后，篝火再也不能融化冰壳和冰壳外面的雪屋了。根据不少北极探险家的报道，这种小雪屋里的暖和情况，即使屋外气温达到 – 50℃，雪屋里的人却可以不穿毛衣。

雪屋，真正成为了北极人的避风港湾。

爱斯基摩人常常居住在极其寒冷的冰雪世界里，他们在实践中不断创新，力求所建的雪屋更壮观、更坚固、更耐久。进入20世纪80年代以来，那里的人们开始研究人工提高冰雪构件的强度和延长暖季使用寿命的办法，使冰雪建材的利用更为广泛。

根据合金可以提高金属的各种性能的原理，人们制成了合成冰，借以提高冰雪的性能。其办法是在冰雪中加入15%的锯末，形成新型合成冰雪建筑材料。这种新型建筑材料的拉力强度和耐压力强度均可提高2～3倍，比一般混凝土的强度还高出许多呢。也有人在冰雪中加上玻璃丝，使冰雪的强度提高10倍以上，即使墙体破裂时也不会全面断开。为了防止冰雪的塑性变形，人们又在冰雪中加入适量的黏土提高性能。聪明的爱斯基摩人，在雪屋的建造上也在向高科技迈进呢！

现在，爱斯基摩人建筑雪屋的技能上了一个新台阶。造型别致的"高楼大厦"、小巧玲珑的闲亭雅桥如雨后春笋，为北极冰雪世界增添了无限的生机与活力。

第四节　滑雪者的好帮手

众所周知，滑雪是一种美妙而又惊险的体育运动。它还是冬季奥运会的一项主要比赛项目。可是，你是否想过，为什么在积雪原野上能滑行，而在沙漠里、草原上就不能滑行呢？这就涉及到积雪不同寻常的一个特点——它有滑性。积雪的滑性，是滑雪者的好帮手。

根据物理学上的定律，一个油桶滚动时遇到的摩擦力比它在滑动时遇到的摩擦力要小得多。在装卸油桶时，我们往往看到人们在滚动油桶前进，很难见到有人拖着油桶的。然而，如果地面上有一层积雪，情况就不一样了，拖着油桶前进或许比滚着油桶更省力。拖着油桶前进省力的"帮手"，是积雪的滑性。

生活在北极圈和北国地带的人们，喜欢用雪橇代替其他交通工具。雪橇不仅制作简单，更主要的是它需要的动力不大。格陵兰岛上的狗拉雪橇是闻名于世的。雪橇只是在雪面上滑行，它滑行时消耗的力比车轮滚动所消耗的力要小得多。雪橇省力的"帮手"，也是积雪的滑性。

积雪怎么会产生滑性呢？滑雪板或者雪橇的滑铁在运动时，为了克服雪面滑动的阻力，需要做一定的功。这种功在滑铁与雪面之间转变成了热能，积雪表面因而受热增温。当增温到0℃时，

积雪是滑雪者的好帮手

雪面上出现了融化现象。这时，滑铁与雪面之间产生了一层薄薄的液态水。这层液态水像润滑油一样，能使摩擦减小，雪面变滑。积雪的滑性就是这样产生的。

经验丰富的滑雪运动员和驾驶雪橇的高手，都知道什么样的积雪滑性最好，什么时候的积雪滑性就差。原来，积雪的滑性，还取决于几种因素。主要的因素是气温。根据科学家的专门测定，积雪的滑性发挥到最理想状态时，是气温在 $-5℃ \sim -10℃$ 之间。气温低于 $-10℃$，产生的液态水数量不够，影响积雪的滑性；气温高于 $-5℃$，积雪显得潮湿过度，雪产生的黏性将抵消一些它的滑性。

积雪的密度对滑性的大小也有关系。疏松的积雪滑性小，被风吹压密实的积雪滑性大。积雪的纯洁度对滑性也有影响。脏雪滑性小，而清洁的积雪，滑性较大。当积雪面上有沙粒和土粒时，积雪的滑性大幅度下降。

另外滑铁的光洁程度对积雪的滑性大有影响。滑铁粗糙不平或生锈时，与积雪产生较大的摩擦力，减低了雪的滑性作用。只有在滑铁擦得光滑雪亮的情况下，雪的滑性才能发挥到最好程度。积雪的滑性才能被充分利用到人类的生产活动中来。

北极圈里的爱斯基摩人是利用雪的滑性的能手，他们的雪橇是畅通无阻的交通工具，不仅有畜力驾拉的，而且有风帆推动的。到了近代，他们甚至在小艇底部装上滑铁，这就可以水陆两用。

雪橇是很好的雪上交通工具

我国也是利用雪的滑性最早的国家之一。明代修筑十三陵工程，需要巨大的东北红松整木，要把如此沉重的木料，千里迢迢从东北运到北京，是很困难的。但是能工巧匠们想到了雪有滑性，他们就在隆冬时节，从雪道上把木料拖运到北京。就是现在，我国东北和西北地区的一些林区，还用雪道来运输木材。

当然，雪的好处并不止以上所述，它还是环境净化的"白衣卫士"，又是"天然净化剂"。下雪时雪花在其形成、飘落过程中，将大气中飘浮的尘埃、煤屑、矿物质等"捕捉"得一干二净。所以，大雪过后，蓝天如洗，空气格外清新宜人。

雪还是"天然的消声器"。雪花飘落到大地之后，由于它的密度小、质量小、空隙大，对噪声具有很强的吸收作用。所以，雪后的城市、乡村都显得格外宁静。

第 八 章

"白色魔鬼" ——雪的危害

第一节 可怕的雪灾

雪灾亦称白灾,是因长时间大量降雪造成大范围积雪成灾的自然现象。

覆盖在地球表面的雪,统称积雪。根据积雪稳定程度,我国积雪分为 5 种类别。

(1)永久积雪:在雪平衡线以上降雪积累量大于当年消融量,积雪终年不化。

(2)稳定积雪(连续积雪):空间分布和积雪时间(60 天以上)都比较连续的季节性积雪。

(3)不稳定积雪(不连续积雪):虽然每年都有降雪,而且气温较低,但在空间上积雪不连续,多呈斑状分布,在时间上积雪日数 10～60 天,且时断时续。

(4)瞬间积雪:主要发生在华南、西南地区,这些地区平均气温较高，但在季风特别强盛的年份，因寒潮或强冷空气侵袭，发生大范围降雪，但很快消融，使地表出现短时（一般不超过10天）积雪。

（5）无积雪：除个别海拔高的山岭外，多年无降雪。

雪灾按其发生的气候规律可分为两类：猝发型和持续型。

猝发型雪灾发生在暴风雪天气过程中或以后，在几天内保持较厚的积雪对牲畜构成威胁。多见于深秋和气候多变的春季，如青海省1982年3月下旬～4月上旬和1985年10月中旬出现的罕见大雪灾，便是近年来这类雪灾最明显的例子。持续型雪灾严重危害牲畜，积雪厚度随降雪天气逐渐加厚，密度逐渐增加，稳定积雪时间长。

持续性的降雪可造成雪灾

持续型雪灾可从秋末一直持续到第二年的春季，如青海省1974年10月～1975年3月的特大雪灾，持续积雪长达5个月之久，极端最低气温降至零下三四十度。

人们通常用草场的积雪深度作为雪灾的首要标志。由于各地草场差异、牧草生长高度不等，因此形成雪灾的积雪深度是不一样的。内蒙古和新疆根据多年观察调查资料分析，对历年降雪量和雪灾形成的关系进行比较，得出雪灾的指标为：

轻雪灾：冬春降雪量相当于常年同期降雪量的120%以上；

中雪灾：冬春降雪量相当于常年同期降雪量的140%以上；

重雪灾：冬春降雪量相当于常年同期降雪量的160%以上。

雪灾的指标也可以用其他物理量来表示，诸如积雪深度、密度、温度等，不过上述指标的最大优点是使用简便，且资料易于获得。

在我国，雪灾是北方牧区常发生的一种畜牧气象灾害。对畜牧业的危害，主要是积雪掩盖草场，且超过一定深度，有的积雪虽不深，但密度较大，或者雪面覆冰形成冰壳，牲畜难以扒开雪层吃草，造成饥饿，有时冰壳还易划破羊和马的蹄腕，造成冻伤，致使牲畜瘦弱，常常造成牧畜流产，仔畜成活率低，老、弱、幼畜饥寒交迫，死亡增多。

雪灾还严重影响甚至破坏交通、通信、输电线路等生命线工程，对牧民的生命安全和生活造成威胁。雪灾主要发生在稳定积雪地区和不稳定积雪山区，偶尔出现在瞬时积雪地区。

我国牧区的雪灾主要发生在内蒙古草原、西北和青藏高原的部分地区。

西藏大约1～2年出现一次冬春大雪。1956～1957年、1965～1966年、1976～1977年冬春季，西藏出现了3次范围广、强度大、积雪深、持续时间长和灾情严重的雪灾。

148

雪灾会冻坏幼苗

1969年新疆北部连续降雪。新疆北部的伊犁地区自1月中旬后期开始连续降雪10天，总降水量达80毫米以上，且最低气温降至-40.4℃，新疆因积雪、雪崩，交通电讯中断，机场停航6天，死亡82人，羊只普遍出现死亡现象。

1977年北方大部爆发区域性寒潮。1977年10月24~29日，北方大部地区降了雨雪，华北、华东北部降了大暴雨（雪），其中内蒙古普降暴雪，锡盟北部最大，过程降雪量达58毫米，乌盟北部、赤峰市北部、哲盟北部及兴安盟、呼盟牧区降雪量25~47毫米，上述地区积雪厚度达16~33厘米，局部60~100厘米，为近40年罕见，大雪封路，交通中断，造成严重特大雪灾。据不完全统计，锡盟牲畜死亡300余万头，占牲畜总数的2/3；乌盟牲畜死亡56万头（只），死亡率达10.8%；赤峰市60万头（只）牲畜处于半饥饿状态，30万头（只）牲畜无法出牧，死亡牲畜10万头（只）；哲盟北部下了冻雨，造成电线严重结冰，个别地区邮电通信中断。

雪灾来临，牲畜会冻伤、冻死

1983 年南疆西部山区遭遇寒潮大雪。4 月初，南疆西部山区寒潮大雪厚度达 1 米，仅温宿县就损失幼畜 30% 左右。

2008 年 1 月 10 日起，在我国南方发生了大范围低温、雨雪、冰冻等自然灾害。上海、浙江、江苏、安徽、江西、河南、湖北、湖南、广东、广西、重庆、四川、贵州、云南、陕西、甘肃、青海、宁夏、新疆等 19 个省份均不同程度受到低温、雨雪、冰冻灾害影响。截至 2 月 24 日，因灾死亡 129 人，失踪 4 人，紧急转移安置 166 万人；农作物受灾面积 1.78 亿亩，成灾 8764 万亩，绝收 2536 万亩；倒塌房屋 48.5 万间，损坏房屋 168.6 万间；因灾直接经济损失 1516.5 亿元人民币。森林受损面积近 2.79 亿亩，3 万只国家重点保护野生动物在雪灾中冻死或冻伤；受灾人口已超过 1 亿。其中湖南、湖北、贵州、广西、江西、安徽、四川等 7 个省份受灾最为严重。暴风雪造成多处铁路、公路、民航交通中断。由于正逢春运期间，大量旅客滞留站场港埠。另外，电力受损、煤炭运输受阻，不少地区用电中断，电信、通讯、供水、取暖均受到不同程度影响，某些重灾区甚至面临断粮危险。而融雪流入海中，对海洋生态亦造成浩劫。台湾海峡则传出大量鱼群暴毙事件。

雪灾令野生动物也不能幸免

世界上的重雪灾区，首推美国太平洋沿岸的华盛顿州到俄勒冈州南北走向的喀斯喀特岭周围，加拿大的不列颠哥伦比亚的太平洋沿岸山脉地区，欧洲斯堪的纳维亚半岛，日本北部的日本海沿岸以及南美洲安第斯山脉的西坡。这些地方都在大陆西岸，低气压活跃的地区，降雪是由海洋性气团造成的。

日降雪量最高值是美国科罗拉多州的伊尔帕列伊克，193厘米。其次是日本高山地区，176厘米，当然，测定降雪量不像测定降雨量那么简单，这是因为，多雪的地方往往缺少观测点，很难真正查清各地降雪量的实况。但是，特大降雪量形成的灾难，却往往使人记忆犹新。

100多年前的一个冬天，一场史无前例的大雪暴横扫美国东北部，造成触目惊心的大雪灾。

1888 年 3 月 12 日凌晨，头天夜晚的大风暴骤然停止，天气平静得令人可怕。几分钟后，西北偏西的大风又重新刮起来，并很快飘洒起小雪花。人们绝没有想到，他们将面临巨大的灾难。

旋即，西北风呼啸着以 16～27 米/秒的速度，将街道北边的冰雪吹得一干二净，又在南边积成厚厚的雪堆。纽约人明白了：刚刚撤退的冬天，又回过头来对他们进行报复了。下午 3 时左右，雪暴猛烈到了极点，狂风使市区的建筑物脚下堆积起 9 米深的雪，许多人被困在大楼里。暴风雪摧毁了电线杆上密如蛛网的各种电气线路，全城完全被黑暗所笼罩。

第二天早上 6 点左右，气温下降到 −15℃，阵风却增加到 37.5 米/秒。事后人们发现，仅纽约市就有至少 200 人丧生。东北海岸沿线的海面上、港口里，打坏、打沉 200 多艘轮船，至少 100 名水手丧命。船帆被冻得僵硬，抖一抖就会变成玻璃渣似的碎片。费城港口被那些毁坏的船只堵得严严实实，纽约州奥尔巴尼市被 117 厘米厚的积雪埋住。

100 多年后的 1996 年圣诞节前后，罕见的大雪又卷土重来。据资料统计，爱尔兰有多名渔民在暴风雪中失踪；英国数万户居民家中断电；苏格兰的大雪则是 1947 年以来最为严重的；丹麦的气温因大雪降至 −15℃；瑞典首都斯德哥尔摩气温低达 −30℃；法国西北部地区几乎全为白雪所覆盖；德国则经历了自 1986 年以来最寒冷的冬季；奥地利首都维也纳冬季以来降雪 33 天，清理的雪量比上一年多 100 倍；前南斯拉夫首都贝尔格莱德降雪 50 多厘米，交通和公共设施遭受严重破坏；罗马尼亚连续 3 周异常低温，大约有十数名无家可归者冻死街头；乌克兰也经历了近十年来最冷的冬季，一些地区气温低达 −30℃，有多人丧生，4.6 万千米的公路被深达 1.5 米的积雪阻断。

1997 年 2 月上旬，一场来自北极的强寒潮席卷了北美大陆，使加拿大、美国和墨西哥受到冰雪的严寒影响，导致多伦多市多名无家可归者被冻死街头。在美国，中部、南部和东部的许多地区，气温创百年来历史最低记录，与冰雪严寒有关的死亡人数达 60 人以上。大雪还压断树木，使许多输电线路遭到破坏，仅北卡罗来纳和弗吉尼亚州就有 55 万人口区断电。最南部的佛罗里达州也受到寒流影响，柑橘损失严重，已成熟的蔬菜至少损失 5000 万 ~6000 万美元。

2 月上旬末，美国西北部地区受副热带风暴影响，连降大雨，加上山区冰雪融化，引起洪水泛滥和多起山体滑坡事件，华盛顿州和俄勒冈州损失惨重，不但造成多人死亡，而且有 2 万多人逃离家园。

链接

雪灾预警信号

雪灾预警信号分 3 级，分别以黄色、橙色、红色表示。黄色为三级防御状态，上面是橙色，最后的黄色表示一级紧急状态和危险情况。

（一）雪灾黄色预警信号

含义：12 小时内可能出现对交通或牧业有影响的降雪。

防御指南：①相关部门做好防雪准备；②交通部门做好道路融雪准备；③农牧区要备好粮草。

（二）雪灾橙色预警信号

含义：6 小时内可能出现对交通或牧业有较大影响的降雪，或者已经出现对交通或牧业有较大影响的降雪并可能持续。

防御指南：①相关部门做好道路清扫和积雪融化工作；②驾驶人员要小心驾驶，保证安全；③将野外牲畜赶到圈里喂养；其他同雪灾黄色预警信号。

（三）雪灾红色预警信号

含义：2 小时内可能出现对交通或牧业有很大影响的降雪，或者已经出现对交通或牧业有很大影响的降雪并可能持续。

防御指南：①必要时关闭道路交通；②相关应急处置部门随时准备启动应急方案；③做好对牧区的救灾救济工作；其他同雪灾橙色预警信号。

第二节　风吹雪

每当隆冬季节，大地有积雪或风雪交加时，经常出现一种较为普遍的现象——"风吹雪"。风吹雪包括三种情况：高吹雪、低吹雪和暴风雪。

高吹雪

在强烈的大风吹袭时，积雪的原野会出现雪雾弥漫、雪云遮天蔽日的景象，被大风携带的雪卷得更高，飘得更远。雪粒横冲直撞，常作旋转运动，水平能见度和垂直能见度都小于 1000 米，往往难以分辨雪是从云中下降的，还是从地面吹起的。

低吹雪

在白雪皑皑的原野上，当起风的时候，我们能看到一股股携带着雪的气流飘过，雪花贴近地面随风飘逸，高度不超过 2 米，水平能见度大于 1000 米。

暴风雪

下雪时伴随猛烈的大风，急骤的风雪使人睁不开眼睛，辨不清方向，严重的甚至能将大树拔起，将电杆刮断，将人畜吹倒、卷走。暴风雪是一种恶劣的气象灾害。

上述三种风携带着雪运行的大自然现象，我们通称为风吹雪，或叫做风雪流。

形成风吹雪必须同时具备两个因素：较强的风和较丰富的雪源。不是所有的风都能携带雪花、雪粒、雪片运行的。对于雪花大家已经非常熟悉了，而雪粒和雪片则比较陌生。它们是在积雪经过阳光照射后，一部分被蒸发变成水汽而升空，造成雪与雪之间出现无数间隙时应运而生的。刚能携带雪粒或雪片运行的风速，叫做起动风速。

起动风速主要根据雪的状况不同而有所差异。刚降下的干燥粉雪，2 米/秒的风速就能起动，而略微潮湿的细雪则要 5 米/秒的风速；至于细雪粒，起动风速则必须达到 6～8 米/秒。一般来说，形成风吹雪的起动风速在离地面 1 米高度时为 4～6 米/秒。

风吹雪

此外，起动风速还与当时的空气温度、湿度等因素有关。

那么，雪粒和雪片是如何运行的呢？它们运行有 4 种状态：①蠕动，就是像蚯蚓或蛇似的贴着地面蠕动；②滚动，即雪粒像冬天孩子们玩滚雪球般地贴着地面滚动；③跳跃，像抛出去的皮球那样弹跳着向前走；④飞扬，像烟雾一样腾空前进。

据气象人员观测，风吹雪气流中大部分雪粒、雪片都是以跳跃形式运行的。在离地面 5 厘米高度上测量，当风速超过 8 米/秒时，雪粒、雪片的蠕动和滚动基本停止。这时风吹雪气流中跳跃的雪粒和雪片特别活跃，它们像炮弹一样，不断地破坏着积雪面，使雪面上的雪粒和雪片发起一次次"冲锋"，风吹雪现象形成。

风吹雪能将雪搬到人们生活和生产活动需要的地方，这是对人们有利的一面。例如，迎风的山坡雪量较多，而背风坡则较少，容易发生干旱。风吹雪能把山前的积雪搬到山后来，有利于山后土地的贮水保墒，等于为后山坡下了一场及时雨。

但是，从整体讲，风吹雪却是一种灾害性天气现象。它常给农牧业生产、交通运输、通讯联络等增添许多困难。一场风吹雪可以将农田里的积雪吹光，使作物受到严重冻害，造成农业歉收。另外，风吹雪在地形适当的地方造成雪堆，又可使作物发生雪霉病。在牧区，暴风雪每每淹没草场，压塌房舍，袭击羊群，造成人畜伤亡。1907 年 1 月，在俄国顿巴斯发生了一场风速22～29 米/秒的暴风雪，草原上的牛羊和离开居民点的人都被冻死了。也是这场暴风雪，破坏了通过顿巴斯地区铁路线上的防护板，在沿线堆积了巨大的雪堆，从而中断铁路运输。

我国西部高山区有一条公路，在穿越风吹雪频繁发生的大阪山口时，从每年 11 月到次年 5 月，整个冬半年都遭受风吹雪危害，不时发生阻车事故。风吹雪在山脊上形成的雪檐，往往能引起破坏力更大的雪崩。而比较潮湿的风吹雪能在电线上粘结成一层层晶莹的冰凌，冰凌厚度不断增加，过大的质量会把电线压断，造成输电或通讯中断事故。有人在北极地区看见过，在风雪的侵袭下，帐篷的绳子会磨断，木质器具上被磨蚀出花纹来。

做好风吹雪的防范，首要条件是弄清移雪量。单位时间里通过单位面积的雪量，叫做风吹雪的移雪量。移雪量是检验风吹雪搬运能力的定量指标，也是防治风吹雪工程设计的重要技术数据。移雪量的多少与风速的大小成正比，但又会受到当地地形条件的制约，两者密不可分。在不同高度上，移雪量也极不相同。

人们往往有一种错觉，好像风吹雪，尤其是暴风雪发生的时候，感到铺天盖地全是雪粒飞扬，简直弄不清雪粒究竟是从天上来还是从地上来。其实，风吹雪的移雪量90%以上是在离地1米的高度里进行的。就是强大的暴风雪，90%以上的雪量还是在离地2米以下移动的。当我们知道了移雪量和它运行的规律，就能在设计工程时，提出经济合理的最佳方案及措施，有效地防止雪害。

第三节　雪崩

山坡上的积雪，在一定条件下，受重力作用或震动作用而向下滑动，并在山坡积雪中发生连锁反应，引起大量雪体崩塌的现象叫雪崩。

雪崩具有发生突然、运动速度快、崩塌量大的特点。它可以摧毁大片森林，击毁或埋没房屋、交通线路、电讯设备和车辆等，对人类生产活动以及自然环境产生很大影响。

那么雪崩究竟是如何发生的呢？

山坡积雪稳定性遭到破坏，是诱发雪崩的根本原因。而引起积雪稳定性破坏主要有以下4种因素：①积雪层内部粒雪化作用和深霜的形成，对雪层的稳定性影响极大。当表层积雪的质量超过粒雪或深霜所能承受的压力时，雪崩就会发生。②山坡上的积

雪崩

雪由于重力而蠕动速度快慢不一，表层速度大，底层速度小。上下蠕动速度的差异，易引起雪层错落断裂。③气温变化也使积雪稳定性减弱。在温度降低时，雪层表面体积收缩而形成裂缝。春季气温回升，积雪层与雪层之间在"润滑剂"作用下，滑动断裂引起雪崩发生。④风吹雪把大量的雪迁移到分水岭的山脊上，形成厚厚的雪檐，摇摇欲坠，只要稍有一点外力作用，顷刻间雪崩爆发。

当山坡积雪由于上面这些原因变得很不稳定时，只要有一些外界因素变动，雪崩则一触即发。如轻微的地震，动物的行走，打猎的枪声，随时都能引起雪崩。

雪崩的发生要视条件而定，纬度为 25°～60° 的雪坡均有雪崩的危险，而 30°～45° 的雪坡最容易发生大雪崩。另外，向阳的雪坡由于易于融雪容易发生雪崩，光滑、无植被或岩山表面的山坡也容易发生雪崩。北山坡的雪容易在冬季中期发生雪崩，南山坡的雪容易在春季或阳光强的日期发生雪崩。新雪后次日天晴，上午 9～10 点钟容易发生雪崩。

根据季节和山体走势及雪崩标准，雪崩有以下 5 种类型。

干雪崩　大多发生在隆冬时节，晴天和雪天都可能发生，雪体干燥，崩落时呈粉尘状态，山谷中像打雷一样声震四方，浓雾般的雪尘翻滚咆哮着冲下万丈深渊，所以也叫"尘雪崩"。

湿雪崩　大多发生在初春积雪融化时期，一场春雨即可造成大规模的湿雪崩。雪体十分潮湿，崩落时雪体呈块状，所以又叫"块雪崩"。

坡面雪崩　指的是没有明显沟槽的山坡表面上的积雪滑塌。它的特点是面积广，速度慢。向阳的草坡上很容易发生这类雪崩。若铁路、公路修在这种山坡下，当列车或汽车通过时遇雪崩易阻车，有时甚至造成倾覆车辆、人员伤亡等重大交通事故。

沟槽雪崩　这种雪崩有明显的运动沟槽，上部有集雪漏斗，下部有雪崩锥，每次发生雪崩的来龙去脉清楚，路径固定。这类雪崩一般体积庞大，最大可达数百万立方米的雪量，有的雪崩锥可保存多年，是一种破坏性极大的雪崩。

跳跃式雪崩　这种雪崩常是由于山脊上雪檐崩落，沿途有越来越多的雪被卷入，撞到崖坎后发生猛裂弹跳而形成。跳跃式雪

成因不同的雪崩

崩速度很快，有时接近自由落体速度，雪体和气浪的破坏力十分强大。夜间发生时，可以在很远的地方看到蓝色或黄色的奇丽火花，这是由于雪块高速运行时相互碰撞摩擦引起的放电现象所致。

雪花是美丽纯洁的，但雪崩却是灾害。

雪崩破坏力之所以强大，主要和它的速度有关。12 级风的速度为 32.7 米/秒。1870 年在阿尔卑斯山区发生过一次大雪崩，其平均速度竟达 97 米/秒，是 12 级风速的 3 倍。

高速运动的物体有强大的冲击力，雪崩的冲击力是造成破坏和灾害的直接原因。这如同一只小鸟撞在高速飞行的飞机上，可将飞机撞得支离破碎而造成机毁人亡。雪崩在它高速运动过程中，引发空气的剧烈振荡，在雪崩的前方形成强大的气浪，即雪崩风。

雪崩风可把大片森林摧毁，将村庄夷为平地，人卷入其中会窒息闷死。住在山麓下的人把雪崩叫做"白色魔鬼"，一点儿也不夸张。人类历史中，记载了许多由柔软的、毛茸茸的白雪所制造的暴行，尽管雪是那般的美丽，有时被赋予冬天里大自然神话般的色彩。但就是这轻柔纯洁的躺在山坡上的白雪，竟会神不知鬼不觉地变成一股可怕的力量，时时刻刻准备开始它残酷的暴行。有时只要有人在山里大叫一声，可怕的雪崩就会带着死神倒塌下来。下面就让我们细数这"白色魔鬼"的罪恶。

波密雪崩　在我国，积雪山区尤其是永久性积雪的高山地区，常有"白色魔鬼"逞凶。其中以阿尔泰山和天山西部、西藏东南部为最。20 世纪 50 年代，西藏波密地区曾出现过一次雪崩。一个庞大的雪体从海拔 6000 米的高山上崩落下来，由于下落速度极快，运动中产生飞跃，使之翻越一条海拔 4000 米的山脊，最后堆积在海拔 2500 米的江水中，阻塞了河道，截断了交通。"白色魔鬼"所到之处，车毁人亡，森林树木一扫而光。

天山雪崩　1966 年 12 月 21 日，天山河谷发生了一次大雪崩。一位目击者说："12 月 21 日凌晨 2 时，我被"嘭嘭"的敲门声惊醒，过后才知道不是有人敲门而是雪崩强大的气浪冲击门所致。当时还没意识到是怎么回事，雪便破窗冲入屋内，转眼间，屋里便积了 1 米多深的雪。崩塌的雪浪把我家的房檐扫掉了，堆在房前的雪有七八米高。雪崩还在山谷中继续发难，巨大的轰隆声、回声像打雷一样，振荡着整个山谷。雪崩过后，房前

162

的道路不见了。山坡上的草木有的被连根拔走，有的倒伏在地，河岸的大片森林全被毁坏。河流被雪堵塞，形成了大大小小的湖泊。"据科学工作者调查，这次雪崩达 44 万立方米，相当于 70 幢 4 层楼房的体积。据当地老牧民说："这样大的雪崩，五六十年才遇到一次。"

秘鲁雪崩 1970 年 5 月 31 日，南美一场特大雪崩灾难降临到山国秘鲁头上，瓦斯卡拉山一个超过 300 万吨级的"白色魔鬼"，在短短几秒钟之内，就吞噬了 8 个大村庄，许多人被崩塌的积雪活埋而丧生。

秘鲁大雪崩

美国雪崩 雪崩不仅充当灾祸的"元凶"，而且还常常"借刀杀人"，以它产生的气浪制造暴行。1954 年冬，在美国某车站，一场雪崩产生的气浪宛如巨型炸弹的冲击波，将 40 吨重的车厢举起并抛到百米之遥。同时，更为笨重的电动机车则与车站相撞，使车站变成了一片废墟。

突发性的雪崩是不可抗拒的，即使采取应急防范措施，效果也不理想。但是，雪崩发生后，我们可以根据地形或植被方面留下的明显痕迹，来确定雪崩的规模、路径和范围，从而正确勘察建筑物地址和道路选线。

法国阿尔卑斯山脉是"白色魔鬼"经常光顾的地方，这里几乎没有哪一年不发生灾难。居住在那里的人都熟知阿尔卑斯山峰险恶的"脾气"，在造房子的时候，便把这一因素考虑进去。他们把房屋建在受到山坡、岩石、森林和灌木丛的自然保护之下的地方，使建筑物远离雪崩时常出现的地域。

阿尔卑斯山经常发生雪崩

法国著名地理学家埃·列克柳说："新鲜的干雪层还没有来得及与被它覆盖的陈雪粘在一起，就可能由于极小的震动甚至由于声音而滚滚滑下来。有时甚至掉下一根树枝或者某种平衡受到破坏，积雪就会沿着斜坡下滑，开始缓慢，而后越来越快。雪团不断变大，并携带着大量的石头、灌木和折断的树枝，扫荡着山地居民的茅屋，随着轰隆一声巨响，落到山谷里。雪崩即使在原始森林里也能为自己开辟宽阔的道路，伴随着雪崩出现的雪旋风，能把途经的树木荡成平地。"

目前，各国都在采用各种各样的方法与雪崩作斗争。如雪崩切割法和雪崩斜坡栅栏法，就是用金属或尼龙网来消除或减弱雪团从高处落下时所产生的能量，或者在积雪的地区建立防雪栅栏和土堤。这些办法能起到减弱雪崩的危害程度的作用。

在雪崩频发的地区，人们开始用"以毒攻毒"的办法向雪崩开炮，取得了非常好的效果。一是人工诱导雪崩发生，使其在别的时间和其他情况下不再自己崩塌；二是炸掉开始积聚的雪体，将其消灭在萌芽阶段。

1983 年，芬兰一些工程师制造出雪崩预报仪器，能够在雪崩形成之前，预报出何时可能发生雪崩。该仪器能自动测量雪层的厚度、雪的干湿度及有关数据，雪崩监测人员根据这些资料分析判定危险性雪崩在什么地点、什么时间将会发生并及时向有关部门、人员发布预报。相信不久的将来，随着雪崩监测仪器的不断改进和完善，人们征服"白色魔鬼"一定会取得满意的效果。

第四节　雪盲症的制造者

在南极大陆有一种神奇的"白光"。这种白光曾使不少勇敢的探险家丧失生命。据说，当人们看到这种强烈的白光时，眼睛就什么也看不见了。

1958年，在南极埃尔斯沃斯基地上空，一架直升飞机的驾驶员突然遇到这种白光，眼睛顿时失明，飞机失去控制，坠毁在雪原上。智利的南极探险家卡阿雷·罗达尔，有一次外出工作，不慎没有戴墨镜而遇到白光。他感到有一个光的实体向他移动，先是玫瑰红的，接着变成肉色的。这时眼睛疼痛极了，仿佛有人往他眼里撒了一把石灰，接着就什么也看不见了。幸亏同伴找到了他，把他带回基地。过了三天视力才恢复过来。

在高山冰川积雪地区活动的登山运动员和科学考察队员，稍不注意，忘记了戴墨镜，就会被积雪的反光刺痛眼睛，甚至暂时失明。医学上把这种现象叫做"雪盲症"。

雪盲是人眼的视网膜受到强光刺激后而临时失明的一种疾病。一般休息数天后，视力会自行恢复。得过雪盲的人，不注意会再次得雪盲。再次雪盲症状会更严重，所以切不能马虎大意。多次雪盲会逐渐使人视力衰弱，引起长期眼疾，严重时甚至永远失明。

那么，雪盲症的罪魁祸首到底是谁呢？

166

皑皑白雪是雪盲症的"罪魁祸首"

原来就是白色的积雪。积雪对太阳光有很高的反射率。所谓反射率，是指任何物体表面反射阳光的能力。这种反射能力通常用百分数来表示。比如说某物体的反射率是45%，意思是说，此物体表面所接受到的太阳辐射中，有45%被反射了出去。雪的反射率极高，纯洁新雪面的反射率能高到达95%，换句话说，太阳辐射的95%被雪面重新反射出去了。这时候的雪面，光亮程度几乎要接近太阳光了，肉眼的视网膜怎么能经受得住这样强光的刺激呢？

在南极辽阔无垠的雪原上，有些地方的积雪表面，微微下洼，好像探照灯的凹面。在这样的地方，就有可能出现白光。出现白光的雪面，当然要比普通雪面所反射的阳光更集中更强烈了。在一般情况下，雪面并不像镜子那样直接把太阳光反射到人的眼睛里，而是通过雪面的散射刺激眼睛。人眼在较长时间受到这种散射光的刺激后，也会得雪盲症。因此，有时候即使是在阴天，不戴墨镜在积雪地上活动久了的人，眼睛也会暂时失明。

第九章

奇妙的雪世界——关于雪的趣闻

第一节 雪和战争

古往今来，大雪对战争的影响作用不能忽视，它常常能扭转乾坤，改变一场战争的胜负。

战争中的雪崩

雪崩同战争一样，带给人们的都是无穷的灾难，它们之间好像有不解之缘。历史上有很多与雪崩有关的战争。

古代非洲北部曾经有一个非常著名的军事强国，叫迦太基帝国。后来，这个帝国由于利害冲突，与地中海北岸的罗马帝国发生了多次战争。

公元前218年，迦太基名将汉尼拔奉命远征罗马帝国，他统率步兵38000名，骑兵8000名和大象37头，绕道西班牙和法国，在10月底翻越积雪的阿尔卑斯山。因为汉尼拔缺乏雪崩的常识，他的部队在阿尔卑斯山上被雪崩冲击得晕头转向，损失惨重，共牺牲兵士 18000 名，战马 2000 匹，有几头非洲大象也葬身在雪海之中。

卢浮宫的汉尼拔雕像

到了近代，法国皇帝拿破仑准备侵略意大利，中间隔着白雪皑皑的阿尔卑斯山。拿破仑比汉尼拔要高明得多，他先派出探子到山上去侦察。探子回来战战兢兢地说："也许可以通过，但是……"拿破仑立即阻止探子说下去："只要可能，便没有但是，马上向意大利进发！" 1796 年，拿破仑亲自率领军队 4 万人，排成 30 千米的长蛇队形，浩浩荡荡，从西北向东南横越积雪的阿尔卑斯山。尽管拿破仑事先作了充分的准备，但是，阿尔卑斯山的雪崩，还是掩埋掉他的兵士近千人。

第一次世界大战的时候，意大利和奥地利在阿尔卑斯山的特罗尔地区打仗，双方死于雪崩的人数不少于 4 万。双方经常有意用大炮轰击积雪的山坡，制造人工雪崩来杀伤敌人。后来有个奥地利军官在回忆录里感叹地说："冬天的阿尔卑斯山，是比意大利军队更危险的敌人！"

大雪救了西夏国

北宋元丰四年（公元 1081 年），西夏国内发生政变，第三代皇帝夏惠宗被其母梁太后囚禁，国内大乱。宋朝认为是征服西夏的好机会，便发动了一场规模空前的征讨战。

这年六月，宋神宗命李宪为总师，组织了 30 万兵力，分别由熙河、鹿延、环庆、泾原、河东五路出兵进军西夏；另联合了吐蕃首领董毡出兵 3 万，从侧翼牵制西夏右厢的兵力，计划尽快会师于灵州（今宁夏灵武），然后直下西夏国都兴州（今银川）。

宋朝五路大军齐发，开始连连取得胜利，其中由泾原出发的一路兵马于十一月攻到灵州城下。面对宋军大兵压境，西夏朝野一片惊慌，梁太后召集群臣商量对策，多数都主张集中兵力决一死战，其中一名老将力排众议，认为现正进入严冬季节，宋军由夏季出征，远途跋涉，冬战准备必定不足，故不能久留，而力求速战速决。因而应坚壁清野，将兵力集中于兴灵一带，诱敌深入，并以轻骑抄绝宋军后勤运输以断供应，然后聚而歼之。梁太后采纳此建议，加强了灵州和兴州的防御，派轻骑截断宋军的后勤供应。

宋将高遵裕和刘昌祚率领由泾原出发的 13 万人马，围攻灵州 18 天未攻下。时值隆冬，天寒地冻，大雪纷纷扬扬下个不停。远征而来的宋军仍穿着夏装，给养得不到补充，饥寒交迫，士气低落。在一个朔风怒吼的夜晚，西夏军挖开七级渠，引黄河之水灌淹灵州城外的宋军营地。睡梦中的宋军遭突如其来的冰冷大水的袭击，纷纷逃命，淹死、冻死者不计其数，高、刘两军仅剩残兵万余人。

另一宋将钟谔所率部队进军到夏州索家坪（今陕西靖边县境内）时，军粮被西夏军抄绝，天又下着大雪，饿死冻死者颇多，不堪冻饿者纷纷逃亡。据说死亡和逃亡者达 6 万多人，部队仅剩 3 万，无力作战，只好退兵。

而另一路由王中正率领的宋军由于在沙漠、沼泽中行军，兵马多被陷没，到宥州奈王井时，早已粮尽草绝，死亡士兵 2 万多人，只好不战而返。

可以说，是大雪严寒拯救了岌岌可危的西夏国。

风雪中的萨尔浒之战

风雪天气还曾经造就了我国历史上两个朝代兴衰交替的决定性战役，这就是发生在 380 多年前距后金都城 60 千米处的著名的萨尔浒大战。

1616 年，努尔哈赤在赫图阿拉（今辽宁新宾）称汗建立后金政权，与明王朝矛盾激化：明朝万历皇帝为了将努尔哈赤政权消灭在萌芽之中，派兵部侍郎杨镐为辽东经略，领四路大军前往讨伐。

172

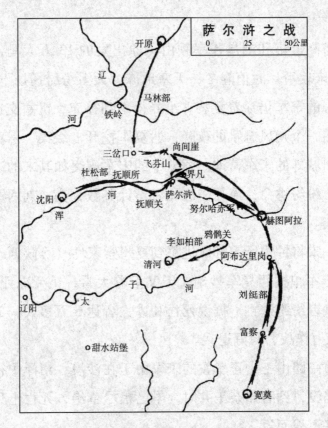

萨尔浒之战作战经过示意图

　　1619 年初，辽沈大地天寒地冻，滴水成冰。农历二月十六下了一场大雪，终日不化，使明军的讨伐计划大大受阻。杨镐无奈，只好将进军日期一再推迟。到二十五日出师后，又因风雪太大延误了行期，终致暴露了作战意图和行军路线。

　　努尔哈赤针对明军兵力虽多但分散、不习水土和气候等弱点，决定以少胜多，打一场速战速决的歼灭战。加上后金八旗军 6 万多人生长在本乡本土，不但熟悉当地的气候和地理环境，且连年征战，人马装备精良，防寒防冻措施得力，在天时地利上占尽了优势。

　　受天气之阻拖至二十八日后，明军前锋 2 万余官兵才由沈阳起行。当时浑河"水深没肩"，冰冷刺骨。主将杜松莽勇喜功，不顾天寒水冷执意渡河，淹死多人。三月初一冒进到距后金都城 60 千米处的萨尔浒山口时，杜松亲率部队攻打界凡城。这时以逸待劳的后金军猛虎般直扑明军大营。当时风沙扬尘，大地混沌，对面人影难辨。在这种恶劣天气下，明军点燃火把助威，却使后金军探知了虚实，从暗处以弓箭射击明军。接着努尔哈赤又亲率铁骑主力，乘机攻下萨尔浒大营。明军主将杜松战死，明军全军覆没。

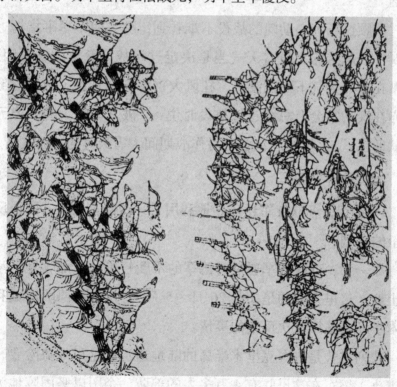

萨尔浒之战

明军其余官兵自二十五日起程时，就遭遇到恶劣天气侵袭，"风雪大作，三军不得开眼，山谷晦冥，咫尺不能辨"。在大风雪天气中，官兵艰苦行军150多千米，弄得人困马乏，疲惫不堪。更为糟糕的是，尚未得知前军溃败的消息，便在糊里糊涂中钻进了对方的包围圈。据史书载，明军文武将吏阵亡310余员，兵丁阵亡4.5万余人。

萨尔浒之战使明王朝朝野震动，军事上被迫由进攻转入防御。而后金则由防御转入进攻，为以后进关统一中国打下了基础。

回顾这场惊心动魄的战役不难看到，除去明军军事指挥上的失误外，恶劣的大风雪天气当是决定这场战争胜负的重要因素。明军在寒冷天气下出征渡河、狂风大雪中行军延误了战机。努尔哈赤在庆功宴会上总结这场战役时说："破其四路大兵，皆天地之默助也。"字里行间包含了对作战期间大雪天气的感激之情。

大雪助苏歼德军

1944年，苏联红军还巧妙地利用了一次降雪天气，取得反击战争的胜利。

那一年，苏联红军通过对德军的不断打击，全部收复了沦陷的土地。这里介绍的是3月26日~5月12日在敖德萨地域和克里木半岛实施第三次反击的事情。

彼列科普是进军克里木半岛的陆地通道，这里地势险要，易守难攻，德军在这里驻有4万多人的部队，企图以坚固阵地为依托，凭险据守，拖住解放克里木半岛的前苏军，以减轻德军在其他战场上的压力。因此，速歼彼列科普的守敌，打开解放克里木半岛的通路，对于整个战局的发展，有着非常重要的意义。为此，前苏军调集了一个集团军的兵力，计划用一个星期时间，对敌军实施侦察，以便摸清德军的兵力部署和火力配置。但是，由于德军防护甚严，前苏军的多次侦察都未奏效。

在这关键时候，一场大雪从天而降。

7日早晨，苏集团军参谋长从风雪中走进了掩蔽部。炮兵司令员看到参谋长双肩上落着一层雪花，而肩膀上的边缘部分，有些雪正在融化，清晰地露出了肩章的轮廓。炮兵司令员双手一拍，紧锁的眉头顿时舒展开来。原来，他从这意外的发现中得到了启发。他想到，既然参谋长从外边进来时，肩膀上的雪正在融化，说明天气转暖。这样，敌人掩体内的积雪很快便会融化，而他们为了避免泥泞，肯定要清除掩体内的积雪，将带土的泥雪抛出来。而这样一来，不就暴露了兵力部署了吗？于是，他立即命令部队利用下雪时机进行侦察。

不出司令员所料，没过多久，德军阵地上的士兵就开始清扫掩体内的积雪。苏军及时对德军阵地进行了不间断的侦察和空中照相，仅用了3个多小时，就判明了情况：德军第一道战壕内只配置了少数值班员和观察人员；二、三道战壕上面，积雪被抛出的大量泥雪所覆盖，这说明敌人的兵力主要部署在二、三道战壕之中。原来侦察到的许多目标周围如今仍然雪白一片，证明这些是敌人设置的假目标。

苏军对德军的部署作了新的了解后，先对德军的防御体系进行了准确的猛烈炮击，为攻击部队扫清了前进道路上的障碍。接着仅用 8 天时间，就击溃了德军防线，解放了克里木半岛，俘虏德军 3800 多人。

第二节　雪花传奇

　　这里介绍的是，自然界中发生或存在的雪花的传奇故事。说它传奇，是因为它降落得不合时令或常规。其实，这样的雪只不过是罕见罢了，从科学的角度去分析，也是有原因可循的，不值得大惊小怪。

春城大雪

　　1983 年 12 月 27 日，地处我国低纬高原的云南省会昆明市，降了一场罕见的大雪。从 27 日 8 时 06 分到 28 日 16 时 07 分，连续降雪 32 个小时，降水量达 45 毫米，云南省气象台地面积雪最大深度为 36 厘米，极端最底气温达 – 7.8℃。几天前还是绿树成荫、鲜花怒放的春城，骤然间变得天低云暗，大雪纷飞。一夜间，千里高原银装素裹，白茫茫一片。

　　根据历史记载，昆明自 1367 年到 1949 年的 582 年间，总共降过 6 次大雪，其中最大的一次在 1367 年 2 月。史书记载："雪深七尺，人畜多毙"。另一次是 1928 年，雪深 1 尺左右，五六天以后才融化完。

昆明 1983 年年底大雪的积雪深度，不仅为南国少见，就连千里冰封的黑龙江、吉林等地也不多见。从 30 年气象资料统计中可以看出，我国冬季最为寒冷的黑龙江省 30 个气象台站中，最大积雪深度超过 36 厘米的也仅有 12 个。我国中部广大地区最大积雪深度更是远远低于这次昆明的积雪深度。如北京最大积雪深度为 24 厘米，西安 22 厘米，兰州 10 厘米，上海 14 厘米，杭州 23 厘米。与昆明同纬度的桂林，最大积雪深度仅为 3 厘米。

昆明的大雪，是低纬高原独特气候的产物。云南紧靠水汽充沛的孟加拉湾，一旦孟加拉湾水汽北上，且北方的冷空气源源南下，便为昆明大雪创造了先决条件。

昆明大雪，给春城人民留下了深刻印象，也给当地的工农业生产造成了很大损失。据统计，全省小春作物受灾 257 万亩，甘蔗成灾 15 万亩，蔬菜损失近 60 万千克。损坏高压线 127 条，县以上的工矿企业有 222 个因断电停产，工业产值损失约 1541 万元。其次，交通、通讯中断，还有一些人被冻死。

六月雪

说到六月雪，就不免使人想起了元代戏剧大师关汉卿所写的戏曲《窦娥冤》。戏中，关汉卿描写了一个感人肺腑的动人故事：出身贫苦的窦娥，3 岁时死了娘，7 岁时成了童养媳。后来，她被泼皮无赖张驴儿诬告"杀死其父"，含冤入狱，昏官枉法将窦娥问成死罪。窦娥冤深似海而无处申诉，临刑前发下三桩誓愿，其中第二桩是："如今是三伏天道，若窦娥委实冤枉，身死之后，天降三尺瑞雪，遮掩了窦娥尸首。"监斩官不信，说："这等三伏天道，你便有冲天的怒气，也召不得一片雪来。"谁知，刀过头落时，真的下了一场三尺厚的六月雪，似乎苍天也被这千古奇冤震怒了。"六月雪"因此而得名，流传至今。

现在我们所用的"昭雪"一词，即是袭用其意。不过，这个故事仅是作者的艺术加工，借六月雪达到渲染窦娥冤情的凄惨悲烈而已。

那么，六月真能下雪吗？翻开历史资料，原来这种现象并不少见。早在周考王六年（公元前435年），陕西省的《扶风县志》就有"六月秦雨雪"的记载，这是我国最早有关"六月雪"的记载。

夏天降雪尽管罕见，但也不足为怪。当冷、暖气流对流剧烈时，如果气流突然将含有冰晶或雪花的低空积雨云拉向地面，局部气温过低，便会在小范围内出现短时飘雪奇观。

北方六月雪　历史上，我国长江以北的广大北方地区，时有六月雪出现。宋代欧阳修等人编撰的《新唐书·西域传》中，曾有这样的记载："北三日行度雪海，春夏带雨雪。"雪海，在今新疆境内。意思是说，这一带地区春夏均有降雪发生。文言文"雨雪"中的"雨"字作动词用，"雨雪"就是下雪。

现代，关于夏季降雪的记载也屡见不鲜。

1981年5月31日11时~6月1日15时，山西管涔山区降了一场百年罕见的大雪，降雪量达50.2毫米，雪深25厘米，并伴有雾和雾凇，地面积雪3天后才融化完。

1991年6月11日10时25分，沈阳降雪。当日沈阳最高气

178

温达 14℃，但上午 10 时后受强冷空气袭击，气温骤降至 0℃ 以下，云中水汽立即凝结成雪花落至地面。

1982 年 6 月 23 日，内蒙古出现全区性的剧烈降温并伴有小雨，草原中部的灰腾梁气温下降到 0℃ 以下，出现小雪天气。

1992 年 6 月 5 日，强冷空气南下途经内蒙古海拉尔市，气温遂下降至 –1℃，造成当日 5~6 时降了一场中雪。

2000 年 6 月中旬，新疆各地烈日炎炎，气温高达 30℃，但新疆巴仑台县小山的查汗努尔一带飞降罕见的大雪。巴仑台县地处乌鲁木齐市南。截至 6 月 13 日，降雪时间已长达 36 小时，积雪厚度达 40 厘米以上，气温降至 –15℃，受灾被困人口 1688 人，其中重灾民 1013 人，受灾牲畜 70184 只，造成直接经济损失 999200 元人民币。

2006 年 9 月 8 日和 9 日（农历闰七月十六、十七日，十六日是白露），河北省承德地区围场县和丰宁县坝上地区大降飞雪。其中，围场降雪最深处达 30 厘米，是该县有气象记录以来出现的最早的一次大范围降雪。

2007 年 7 月 30 日（农历六月十七日）下午，北京的天空突然乌云密布。18 时 10 分，片片小雪花飘落在东三环附近。在半个小时内，人们经历了冬与夏的转换。夏天降雪，在北京非常罕见。

2009 年 6 月 18 日，受冷空气影响，新疆哈密北部巴里坤草原普降雨加雪，这场雨雪有效缓解了巴里坤草原的旱情。

南方六月雪 令人称奇的是，纬度较低的我国长江流域和浙

2009 年 6 月 18 日，新疆哈密北部
巴里坤草原普降雨加雪

江、福建、江西等地，也有过多次六月天飘雪的记载。

1987 年 8 月 18 日 15 时 40 分，上海市区飘起了小雪花。当天是农历闰六月二十四日，俗称"六月雪"。事后分析，8 月 18 日，上海市正处在减弱的太平洋副热带高压脊北侧雷阵雨区的北缘，3000 米和 5000 米高空的气温分别为 -4℃ 和 -7℃。这股高空的冷平流与地面充沛的上升水汽相遇，从而导致了这场"六月雪"。

2005 年 6 月，东莞旅游团在往九寨沟途中的松潘县城过夜时奇遇大雪，次日在游九寨沟五彩池时又喜遇漫天飞雪。

2005 年小暑后第 6 天——公历 7 月 13 日下午 4 点多，福州市区在狂风过后下雪 1 分钟，雪后下雹 1 分钟，雹后转成暴雨。

2005 年大暑后第 7 天——公历 7 月 30 日中午 12 点 50 分左右，中国四大火炉之一的南京秦淮区，在一阵狂风后飘了一阵几分钟的雪花，雪后气象是暴雨夹冰雹。

2006 年立秋前 8 天——公历 8 月 2 日下午 5 点左右，深圳在大雨中夹着 10 多分钟的飞雪。居民李先生拍下了 10 来分钟的"飞雪录像"。

据江西《金溪县志》记载："公元 1653 年，金溪夏六月，炎日正中，忽下大雪，仰视半空，玉鳞照耀，至檐前则溶湿不见。"到了公元 1655 年，《抚州府志》和《宜黄县志》又记载了"宜黄六月雨雪"；1661 年，福建《建瓯县志》记载："建瓯六月朔大寒，霜降，初四日雨雪。"

据《华东地区近 500 年气候历史资料》记载，自 1470 年至今，华东地区共出现六月雪 45 次。除本次六月上海飘雪外，最近的一次出现在 1901 年，嘉定县 6 月 14 日大风雪昼夜不停。1860 年，湖北宜昌一带也出现过夏日降雪，至今在宜昌境内还保存着一块完整的石碑，上面刻有："庚申年又三月十五日，立夏下雪。"上面记载的史料，是我国古代劳动人民对气象事业的杰出贡献，为后人留下了宝贵的科学资料。

在我国天山、喜马拉雅山等海拔 5000 米以上的地方，六月雪经常发生。由于这些地方地势高，气候寒冷，气温均在 0℃以下，四季长冬，一年到头都寒风刺骨，冰天雪地，即使从云中落下雨来，也会在半空中冻结成雪花。

域外六月雪 据记载，除我国外，地球上许多国家也曾降过六月雪。

1982 年 7 月 24 日，位于赤道附近的印度尼西亚伊里安岛伊拉卡山区，遭受了历史上罕见的特大暴雪袭击。鹅毛大雪整整下了20多个小时，使当地的田野、村庄、道路和树木都披上了银装，气温也从22℃骤降到0℃，由于当地人长年累月生活在热带，从来没有经受过严寒的困扰，因此缺乏对寒冷的防范准备，成千上万的人只好往全身上下涂猪油以避寒。

1992年8月22日，正值盛夏的加拿大阿尔伯塔省南部，浓云密布，鹅毛大雪下了整整一天，积雪深度为17厘米，这场大雪给当地造成了严重经济损失。

1996年7月8日，法国突降大雪，一场不合时令的大雪覆盖了那里大片地域。同年7月10日，一场30年未遇的暴风雪袭击了南非，大雪连降3天，积雪最深达2米，多人被这突如其来的严寒冻死。

1997年6月22日，一场百年罕见特大暴风雪降临在南美西部地区，一时狂风怒吼，大雪漫天飞舞。阿根廷和智利的边境地区、安第斯山区雪下得更大，积雪深度创下百年纪录，深达4米。

2004年7月17日，德国巴伐利亚山区，暴风雨转变成了大雪，德国海拔最高的山峰很快就变成了覆盖厚厚积雪的雪山，气温也急剧下降。德国气象部门说，这场雪下得很大，降雪量竟然达到了10厘米。与此同时，当地的气温也下降到了－6℃，创造了10年来德国境内在7月份的最低温度纪录。

2005年6月，瑞士圣模里兹地区普降飞雪。

2006年5月下旬，德国南部地区一直阴雨连绵，靠近阿尔卑斯山的地方更是下起了大雪。所有的建筑物全都盖上了厚厚的"白棉被"，寒冷景象几乎和冬天相差无几。

雪天打雷

夏季下雨打雷，大家会感到很平常，认为是顺理成章的事情。而冬天里下雪打雷，就会让人感到惊奇。

2002年1月12日清晨6时左右，一声炸雷，将中原地区沿黄河一带郑州、新乡等地的人们从睡梦中惊醒。随后，小雨小雪纷纷扬扬自天而降。几乎在同一时间内，焦作市的温县雷声大作，电光闪闪，整个过程持续一个小时；该市武陟县雷声过后还降了冰雹；新乡市原阳县境内，震耳欲聋的雷声惊醒了人们的好梦。更为严重的是，河南省会郑州不但下雪响雷，而且雷电还击死了人。

一时间，社会上传言四起，打到气象部门的咨询电话也接连不断。

气象部门的解释是，那段时间黄河中下游地区气温持续偏高，11日，河南一些地方最高气温甚至超过20℃。受江淮之间快速北抬的西南气流影响，长期控制本地的干暖空气与扩散南下的弱冷空气相互作用，就形成了这种不稳定天气，使当地发生雷暴的初日比历年大大提前。不但在河南，该月上中旬，雷声还在全国好几个地方响起。如8日午夜时分，山东蓬莱、龙口等地雷声大作。15日上午8时30分，位于长江以南的浙江省嘉善县也出现了少有的"雷打冬"现象。

其实，各种反常天气现象的出现都是有原因的，它需要多种天气条件相配合，如空气湿度、大气不稳定层结、气流上升运动等。2001年冬季入九以来，我国北方广大地区本应是天寒地冻、积水成冰的天气，却持续暖阳高照，让人们忘记了寒冬的存在，不少人竟然换上了艳丽的春装。1月9～11日，位于黄河中下游地区的河南省各地的气温居然高达18～20℃，郑州1月10日最高气温20.3℃。这种反常的天气，便使得大气出现了不稳定层结现象。

天气学知识告诉我们，雷暴天气只有在积雨云里才能产生，而积雨云一般情况下多在夏秋季出现，那是因为这两个季节气温高，易于强对流天气生成。但是，其他季节一旦具备了强对流天气生成的条件，看似反常的几种不同的天气现象便能同时出现。2001年12月～2002年1月出现的持续半个月高温天气，就为积雨云的生成创造了条件。有了强盛的积雨云，那么，产生雷暴也就是顺理成章的事情了。

冬天响雷虽然罕见，但并非绝无仅有。

1970年3月12日晚上，我国长江中下游地区朔风怒吼，鹅毛般雪花漫天飞舞。突然，天空电光闪闪，雷声隆隆。

1979年1月6日"二九"的第二天，正值东北民谚中"腊七腊八，冻掉下巴"的最寒冷时节，我国黑龙江牡丹江市北风呼啸，大雪纷飞。晚上9点多钟，市区上空出现一道白光，接着就听到了"隆隆"的雷声；同一天，长春、四平、吉林市也在晚间发生了下雪打雷现象。

1981年12月18日，辽宁省旅顺口地区大雪漫天飞舞，雷轰

184

天顶。

1982 年 2 月上旬，位于低纬高原的南方城市贵阳，天气更为奇特：6 日和 8 日是雷雨夹冰雹，9 日忽而露出太阳，忽而雷雨交加，忽而雪花冰粒抛撒，忽而霰珠米雪同下。这一天竟观测和记录了 11 种天气现象。入夜后，鹅毛大雪又持续不断。10 日 8 时，贵州省气象台在观测场测量的积雪深度竟达 16 厘米，是贵阳市自有气象记录以来的最大积雪深度。

1983 年 3 月 3 日，河南林县（现为林州市）南部沿淇河一带雪天响雷降冰雹。这天 16 时 30 分，一片黑云自西北方向涌来，"劈哩啪啦"降过一阵大雨后，竟电闪雷鸣，下了一阵黄豆粒大小的冰雹。雷声持续了十几分钟，继而，雪花纷纷扬扬自天而降。

1987 年初，黄河中下游地区陆续出现"雷打雪"。元旦早上大约 8 时，河南新安县正下着大雪，突然在西北方向响起了几声炸雷。3 月 6 日 16 时左右，河南周口市上空雷声隆隆，下起了鹅毛大雪。3 月 21 日下午，山西翼城县下了一场罕见大雪，积雪深达 15 厘米，并伴有雷声。

2009 年 11 月 10 日，北京子夜过后一道闪电一阵惊雷，随后漫天白雪悄然飘洒而下，夜色京城渐渐披上银装。这场大雪是北方寒流和暖湿气流夜间遭遇而形成的。

世界各地下雪天打雷现象也时有发生。据载，早在 1930 年，美国密执安州的休斯港，就曾发生过大雪纷飞、雷声轰鸣的天气现象。

2009 年 11 月 10 日，北京半夜打雷下雪

如此看来，下雪天打雷其实是大气物理变化的一种自然现象，不值得大惊小怪。

无云降雪

1985 年 2 月 18 日，河南北部的新乡市获嘉县一带出现了一场稀罕事。那天早晨 7 点钟，气象站观测员赵振华像往常一样，离 8 时的正点观测提前 1 个小时去观测场巡视仪器。她感觉脸上凉凉的，迎着阳光，分明看见一朵朵细碎的小雪花从天上飘下来。而天上湛蓝湛蓝，连一丝云彩也没有。

还有一次出现在 2007 年 3 月 5 日，那天是农历的正月十六。元宵节过去，郑州市新锐数码照相器材店女职工智亚南骑着自行车，冒着 -2℃ 的严寒从兴华南街往位于该市西里路的单位上班。走到陇海路与大学路交叉口时，只觉得脸上被什么东西刺得生疼，她下意识地抬头看天，竟惊讶得不能自已。原来，一枚枚绣花针样的东西，在太阳的照射下闪着亮光，正从晴空中纷纷飘落。有不少人干脆跳下车子，看得聚精会神。

186

无云降雪常在冷锋过后降雪停止、天气很快转晴时发生。这时，空气中的湿度较大，温度较低，风速较小。于是，空气中的水汽就凝华成松脆、单一的小雪花，并随下沉气流缓慢地从天空降下来。

　　无云降雪需要一定的天气条件。首先是水汽。低层空气中必须含有相当多但还达不到形成云的水汽。如果湿度过小，就不会有任何凝结物了。其次是气温。气温较低，才能使空气中的部分水汽凝华。但温度也不能太低，若气温太低，就只能形成非常细小的冰针。再次是静风。无云降雪是局部地区近地面层大气中发生的现象，如果风速较大，就会把水汽吹散，或发生垂直混合，这样就改变了局地、近地面层水汽的含量，水汽也就不会凝华成雪花了。因此，空气中较大的湿度、较低的气温以及微风甚至静风，是产生无云降雪的必要条件。

下在屋内的雪

　　雪都是从天空中降落下来的，怎么会有不是在天空里凝结的雪花呢？

　　1773 年冬天，俄国彼得堡的一家报纸，报道了一件十分有趣的新闻。这则新闻说，在一个舞会上，由于人多，又有成千上百支蜡烛的燃烧，使得舞厅里又热又闷，那些身体欠佳的夫人、小姐们几乎要在欢乐之神面前昏倒了。

　　这时，有一个年轻男子跳上窗台，一拳打破了玻璃。于是，舞厅里意想不到地出现了奇迹，一朵朵美丽的雪花随着窗外寒冷的气流在大厅里翩翩起舞，飘落在闷热得发昏的人们的头发上和

187

手上。有人好奇地冲出舞厅，想看看外面是不是下雪了。令人惊奇的是天空星光灿烂，新月银光如水。

那么，大厅里的雪花是从哪儿飞来的呢？这真是一个使人百思不解的问题。莫非有人在耍什么魔术？可是再高明的魔术师，也不可能在大厅里变出雪花来。

后来，科学家解开了这个迷。原来，舞厅里由于许多人的呼吸饱含了大量水汽，蜡烛的燃烧，又散布了很多凝结核。当窗外的冷空气破窗而入的时候，迫使大厅里的饱和水汽立即凝华结晶，变成雪花了。因此，只要具备下雪的条件，屋子里也会下雪的。

188

第三节　会唱歌的积雪

甘肃敦煌月牙泉附近的沙漠里，有座鸣沙山，山上的沙子会"唱歌"。要是你从鸣沙山丘顶顺着背风坡滑下去，身后就会传出阵阵乐声，欢送你下山。

在干燥晴朗的天气里，从雪丘的背风坡上滑下去，也会产生同样的音乐，有的如行云流水，有的如松涛飞瀑，有的如诉如泣，有的叮叮咚咚。尽管鸣雪的音乐不如演奏家演奏音乐作品时那样优美悦耳，却也是千奇百怪。

不仅干燥的雪丘上会产生音乐，就是一般的积雪上也会产生

积雪会"唱歌"

出各种各样的声响。

　　不知你有没有在积雪上步行或者坐着雪橇在雪原上驰骋的经验？在严寒无风的日子里，积雪在你脚下"咔嚓"、"咔嚓"作响的情景是很生动有趣的。而坐在雪橇上，聆听下面滑铁的声响，一会儿强，一会儿弱，沙沙作响，好像春蚕在嚼食桑叶一样，也是情趣盎然的。

　　积雪上发出各种声音的原因，目前很少有人研究。一般人推测这种现象与雪粒间发生摩擦而引起的变化以及雪上有压力时雪粒重新分布有关。

　　积雪上的"咔嚓"声，常因踩在雪上的轻重程度而不同。有经验的细心人，能够根据音响的不同，分辨出行人是老人还是小孩，壮年男子还是年轻姑娘。"咔嚓"声的音色有时随着空气温度而有所变化。一般在温度低于 $-2℃$ 时，就能清晰地听到这种音响。温度越低，音色越清脆明快。有经验的人，可以根据音色的不同来判断当时的气温，大约能准确到 ±2℃。

气流在积雪表面上经过的时候，也能发出响声。风在密度较大的积雪外壳上，时而追逐雪粒，时而携带雪粒，发出特别的声音，有时像野狼嚎叫，有时像婴儿啼泣。在有风暴时，既有雪粒互相摩擦撞击的"嚓嚓"声，也有雪粒摩擦起电而引起的火花爆闪的"劈啪"声；既有雪粒冲击撞磕障碍物的弹跳声，也有雪粒沉积下落时的"簌簌"声。

雪崩产生的响声就更惊人了，有时简直像雷鸣地震一样，而且往往伴随着轰隆隆的可怕的回声，令人毛发悚然。雪崩引起空气的振荡，发出尖锐恐怖的呼啸声，也使人胆战心惊。

除了积雪表面的声音以外，从积雪内部，也能听到其他声音。在季节性积雪地区，到了积雪后期，积雪表面常被一层冻雪形成的冰壳覆裹，而在积雪内部，由于雪粒的密实作用发生沉降，形成空洞。这时，如果有人在冰壳上行走，就能听到雪里好像有一种从幽深的地方传来的声音。这种现象的产生，是因为积雪内部的空洞，犹如乐器的共鸣箱，与冰壳上的脚步声发生了共鸣。

在高山冰川积聚雪花的粒雪盆里，那里有厚厚的积雪。当我们在这种积雪表面上行走时，经常会忽然感到脚底下的雪层"咔嚓"一声，断裂了，把人吓得停住了脚步。紧接着，雪层断裂的声响迅速地传向辽阔的四方，人也感到仿佛在电梯里似的，脚底下的雪层在沉陷下去。直到远处传来闷雷般的回声，这种恐怖的感觉才会消失。这也是积雪内部产生大面积空洞后而产生的共鸣声音。

第四节 奇雪拾零

尽管雪花千娇百媚，但万变不离其宗——始终保持白色六角形的基本颜色和形状。不过，在一些特殊的情况下，天空也会降下许多千姿百态、颜色各异的雪的"同姓家族"来。这里介绍的，便是发生在世界各地有趣的怪诞雪。

奇形怪状的雪

砖形雪 据《湖广通志》记载，明神宗万历十六年（公元1588年）四月，潜江天降砖形雪，称之为"雪砖"。

闪光雪 1817年1月18日晚上，美国绿山附近下了一场闪光雪。当时，天空浓云密布，黑暗得伸手不见五指。从云中飘下的雪全是湿漉漉的雪团，时而耀出闪光，犹如萤火。

龙卷雪珠 1895年3月26日15时，龙卷风向美国纽约奥尔巴尼城袭来。龙卷风母体飞快旋转，并伴随有雪珠降至地面，顿时冷风逼人。15时02分，雪珠变成了雨，20多分钟后雨停。龙卷风伴随雪珠的天气现象，十分罕见。

雷电雪暴 1930年3月25日，美国密执安州的休斯港下了一场暴雪，不但下雪时打雷，而且还出现了"怪雪花"。下雪时，人们看到室外的铁制品端部都迸发出一串串火花来，还发出"嘶嘶"响声，20米以内都能听到。

虫雪　某年冬季，苏联列宁格勒降了一场奇怪的"虫雪"。下落的雪花既不打旋也不相互追逐，而是一团团直接摔在地面上。不长时间，便在白雪覆盖的地面上出现了很宽的一条黑色地带，像是谁有意在雪地上撒下了烟灰一样。黑色地带越来越宽，当地居民惊奇地发现，原来随雪团落下来的居然是一种无翅的昆虫。

龙卷雪　1970 年 12 月 2 日，美国犹他州的一座山脚下，从云中出现了一个像大象鼻子似的黑色旋风圆柱体，旋转的空气柱快速从东北向西南移动，所经之地，大树被连根拔起。这是一种冬季龙卷风，当它经过一个近 1 米深的积雪场地时，将雪"吸"到空中，形成一个"雪龙卷"。当时恰巧有两名气象观测员在作雪深观测，其中一人被它刮倒。

十八角雪花　1986 年 1 月 8 日，日本学者菊地胜弘在加拿大西北部的伊努维克发现采集的样本里居然有一片雪花长出了 18 只角。是神奇的自然之力将 3 片六角形雪花交叉压到了一起，还是天然的"胚胎"原本如此，不得而知。

雪碟　1915 年 1 月 10 日，地处欧洲的德国柏林市，从天空降下了一种形状古怪的雪，雪花大得出奇，直径为 8～10 厘米，每个雪花的四周边缘向上翘起，宛如一只只银白色的碟子。人们为之奔走相告，一时间天降"雪碟"的新闻传遍欧洲各个角落。其实，远在它之前的 1887 年，英国也同样降过这样的"雪碟"。当时雪花下得并不太大，可是受潮湿空气的影响，雪花与雪花之间不断粘连在一起，一个个直径 6.5～7 厘米，最大达 9 厘米。

这些"雪碟"纷纷从天而降，引起了人们的极大关注。一些好奇的人将 10 个"雪碟"放在一起称量，其质量在 1.1～1.4 克之间，这个质量要比普通的雪花质量大几千倍。

雪锅 1887 年冬，美国西部蒙大那州，曾从天空降下一场罕见的且又大得惊人的怪状雪：一个大雪花，其厚度一般都有 20 厘米，直径达 38 厘米。这样的特大雪花落在行人的头上，人好像挨了一闷棍，被打得晕头转向。当人们镇静下来时才发现，每个大雪团的形状都像锅一样，从天空旋转而下，速度极快，落地后摔得粉碎。

气象学家认为，"雪锅"的形成，是由于当时空气温度接近 0℃，大气层极不稳定，气流上升、下降剧烈，小雪花随气流升降而不断碰撞。这样一来，雪花之间的相互吸附，像"滚元宵"那样越滚越大，并且按不规则方向增大，于是便形成了"雪锅"。

雪块 1951 年冬季的一天，德国的达索诺夫上空乌云翻滚，电闪雷鸣，大雪纷飞，天空奇黑无比。突然从空中降下一块长宽各 1.8 米的大雪块，其降落速度之快、个头之大前所未有，将正在路上奔跑的一位木匠砸死了。原来，大雪块从天而降是雪龙卷风作的怪。

罕见大雪团 1993 年 1 月 13 日，湖北南漳县境内降了一场极为罕见的暴雪，很多像足球般大小的雪团随雪花落到地面，持续了十几分钟。雪团降到地面摔碎后，其铺地面积足有脸盆那么大。据分析，这些大雪团很可能是乱流将雪花反复带到空中，不断粘连增大的结果。

彩色的雪

青雪 《拾遗记》记载，广延国去燕七万里，在扶桑国之东，地寒，盛夏之日冰厚至丈。常下青雪，冰霜之色皆如绀碧。绀碧，即黑红色和青绿色。

赤雪 据《晋书·武帝本纪》，武帝太康七年（公元286年）十二月己亥日，河阴雨赤雪二顷。

另据《五行志》，唐德宗贞元二十一年（公元805年）正月甲戌日，雨赤雪于京师。

黑雪 《西阳杂俎》载，唐德宗贞元二年（公元786年），长安大雪，平地深尺余，雪上有薰黑色。明朝洪武四年（公元1371年）十月，湖北省黄岗、麻城一带曾下过黑雪。1991年，受海湾战争油井燃烧的黑烟影响，我国喜马拉雅山一带也降了一场黑雪。

1977年末，在苏联莫斯科下过一场名副其实的黑雪。1984年2月20日，苏格兰降下黑雪，雪花漆黑，像醋一样酸，显然它是与污染环境的酸雨混合在一起了。

红雪 据《宋史·仁宗本纪》，宋仁宗庆历三年（公元1043年）十二月丁巳日，河北雨赤雪。同年十二月二十六日，《五行志》载天雄、军德、博州天降红雪；雪尽，降"血雨"。

据《江南通志》载，明孝宗弘治七年（公元1494年）二月庐州雨雪，色微红。

清乾隆十三年（公元1748年）十月，湖北乾州县下了一场如胭脂的红雪。

红色雪，是南北极地的常客，有时也会偶尔光临阿尔卑斯山、苏格兰、格陵兰海湾等地方。1918年冬，格陵兰海湾就下了一场红雪，后来据研究，这是由于暴风将细小红藻混杂雪中而形成的。南极在1959年曾下过一天的红雪。

1980年5月2日蒙古的肯特省巴特诺罗布和诺罗布林两个县境内曾降过鲜艳夺目的红雪，雪中含有锰、铁、钡、铬等矿特质。

1988年2月28日晚，甘肃天水地区礼县西南部山区降了一次红雪。这次降雪过程前两天，当地一直刮着大风，降雪当日气温急剧下降，21时许开始降红雪，1个多小时后雪止。积雪厚度为2厘米，雪的形状为颗粒状，呈暗红色。

黄雪　清康熙七年（公元1668年）三月十二日，湖北沔阳县竟从天上降下"色如硫磺、大似铜钱"的黄雪。

1957年初春，我国天山地区大风连刮数日，风把沙漠中的黄土卷上天空，水汽在黄尘周围不断凝结，遇冷空气后，下了一场名副其实的黄雪。

1986年3月2日，南斯拉夫的马其顿西部的高山上曾降过黄雪。

绿雪　挪威的西斯匹次卑尔根群岛曾降落过一场绿雪，当地的邪教徒乘机散布谣言："魔鬼从天降临了，天灾人祸就要来了。"结果引起人们的极大恐慌，视为不祥之兆。

其实，这种绿雪是由于当地一种绿色雪生藻类经由大风刮到空中，再与雪花粘在一起而形成的。

褐雪　有人于 1902 年在瑞士的高山上发现过了褐雪。

彩色雪虽然颜色各异，但仍然属于大自然的正常天气现象。彩雪的成因大部分是由于有颜色的低级植物藻类被大风从地面卷起，在空中和雪花相遇，粘在一起，藻类颜色各异，因而雪花也就有了不同的美丽色彩。

当然，其他的生物或非生物也可能形成彩色的雪。

1892 年，意大利曾下过一场黑雪。这是因为亿万个像针那样的黑色小昆虫，在天空中飞翔，结果沾在雪里降下的缘故。

1962 年，苏联下过黄而略带红色的雪。雪后地面好像铺了一层黄红色的地毯，十分美丽。这是风把沙漠里的沙尘带到高空，然后扩散到遥远的地方，同雪花夹在一起落下来而形成的。

此外，挪威下过一场黄雪。那是由于一种松木的锯末被风卷到空中，然后同水蒸气凝华而成的；苏格兰也下过黑雪，那是由于一些燃烧不充分的煤烟粒大量粘在雪花上，把白雪染成了黑雪。另外，大气污染也是引起彩色雪花的一个因素，如 1991 年海湾战争后，中东的石油燃烧造成严重的环境污染，黑烟随印度洋季风漂移到我国西藏，在珠峰之上也下了一场黑雪。

总之，雪的"本质"还是洁白的，看似神奇的彩色雪，只是环境中的生物或非生物玷污而形成的。

附录　关于雨雪的农谚

* 旱天无露水，伏天无夜雨。（湖南）

露水是空中水汽接触了夜间过冷物面而凝成的水滴。有露水出现的天气，低空需要有足量的水汽。而在旱天，空中水汽必少，所以露水就无从发生了。

伏天的雨，主要是雷雨。下雷雨的基本条件是要地面很热，使空气发生强盛的对流运动。伏天在白天地面很热，适合于雷雨的发生；但是夜间地面较凉，就不可能发生对流，所以夜间不可能发生雷雨。但是在西南山地里，伏天也有夜雨的，这又是另一原因。

* 霜重见晴天，雪多兆丰年。（山西太原）

* 严霜兆晴天。（上海松江）

* 冬有大雷是丰年。（江苏无锡）

* 冬有三天雪，人道十年丰。（同上）

* 冬有三白是丰年。（同上）

* 雪姐久留住，明年好谷收。（浙江、湖南、河南扶沟）

* 大雪兆丰年，无雪要遭殃。（江苏苏州）

* 今年大雪飘，明年收成好。（同上）

* 江南三足雪，米道十丰年。（河南开封）

霜本来是晴天的产物，"霜重见晴天"是因果倒置的说法。雪不易传热，它积在地面，可使土中热力不易发散，增加土地的温度，对于来春植物的生长是很有益的。同时，土壤里的细菌因此得以繁殖，使许多有机质腐烂，杂草种子也一度发芽生长起来。到了融雪期间，大量的热又被吸去，温度过低，杂草和细菌又被冻死，这样倒反增加了植物的肥料，故雪多是丰年之兆。

　　* 冬雪消除四边草，来年肥多虫害少。（江苏常熟）

　　* 大雪半溶加一冰，明年虫害一扫空。（同上）

　　冬季溶雪时期，气温很低。当雪未溶完时，若有一股冷空气南下，气温再度下降，使雪水成冰，就使地表面温度再度降低，杂草及昆虫都被冻死。

　　* 雪落有晴天。（湖南）

　　* 雪后易晴。（江苏常熟）

　　雪下在每次寒潮来临之时，也就是在冷锋上。这是在气旋的尾部，反气旋的前部。所以雪天之后，再来的是反气旋天气，于是天气转晴了。

　　* 大雪不冻，惊蛰不开。（河北沧县）

　　大雪节不冰冻，到惊蛰节不开解，这是那年寒潮来迟的缘故。

　　* 春霜不出三日雨。（福建福州、福建福清平潭《农家渔户丛谚》）

　　春季连续三天有霜，也就是连续三天晴天。福州纬度较低，春季的晴天，太阳光必定很强，白天温度连日增高，气压降低，使本地和四周之间的气压梯度增大。因此，也就发生了空气流动的现象，于是天气跟着变化，而快要下雨了。

　　* 腊月里三白雨树挂，庄户人家说大话。（内蒙古）

　　"三白"就是三次雪，"雨树枝"就是雨凇，这都是天气严寒的结果。冬季天冷，故有利于农事。

　　* 七阴八下九不晴，到了月初放光明。（天津）

　　二十七日明，二十八日雨，到二十九日不晴，就要到下月初才好天气。这表示着天气变化的日程。

　　＊　夹雨夹雪无休无歇。（《田家五行》论雨）

　　雨和雪，都是空中降水，但是它们降地之前所经历的过程不同。雪成时，温度必在零下。大多的雨，是雪下降到半空再融化成的。现在下雪又下雨，表示空中冷暖气流，激荡无常，因此，天气还是不得转晴的。

　　＊　骤雨不终日。（《道德经》）

　　骤然下降的雨，不到天黑就完。因为下这种雨的云，是由于本地局部受热形成的，规模小，所以一阵雨后，云就散完了。

　　＊　春土（霾）不过三日雨，冬土不过三日霜。（福建福清平潭《农家渔户丛谚》）

　　霾指由北方来的大风从内陆吹来的沙尘，所以有霾就表示有北方来的气流。在福建，春天的天气已经相当暖，南方的热带气流，从四月（阳历）始，已到福建的纬度。这时如有北风吹来，极易形成锋面而造成降水。冬天就不然，因为冬天北风极盛，南风极弱，根本无法到达我国海岸，所以北风一来，天气十分干冷而且晴朗有霜。

　　＊　雪打高山，霜打平地。（江苏无锡）

　　不论在高山还是在平地，雪和霜都会出现。在冬季阴天时，高山的气温一般低于平地，风速也较大，因而雪下到高山不易溶化，高山上的雪一般厚于平地。雪溶化时，自然是平地上的雪先溶化完。由于高山的海拔高于平地，太阳光首先照在高山上，又因霜量毕竟有限，所以高山的霜先消失掉。但是在山的背阳坡并不如此。因而有"雪打高山，霜打平地"的说法。

　　＊　冬南夏北，转眼雨落

　　这句天气谚语，意思是说，冬天吹南风，夏天吹北风，如果风力比较大，那么，不久就会下雨了。

　　冬天，我国大部分地区天气比较寒冷，这种冷空气来自欧亚大陆的北方，因此各地经常吹北风或西北风。冷空气很干燥，在这种冷而干燥的空气控制下，晴天较多，一旦吹起了南风，南风来自南方海洋，它热而潮湿，与冷空气相遇，就会使水汽凝结成水滴，落下雨来。所以在冬天吹南风是要落雨或下雪的。

　　夏天，正是一年内天气最热的时期，我国大陆上经常吹偏南风；一旦北方的冷空气流来，吹起了北风，那么冷、热空气碰在一起，又要下雨了。

　　我们懂得了"冬南夏北，转眼雨落"的道理，就可以根据冬夏季节里风向的变化，来预测天气的变化。